AF454069

OUVRAGES DE M. N. DELAGARDE

Aux Chevaliers, commune d'Usseau, près Châtellerault (Vienne).

—

PROGRÈS.

—

I. **Les Engrais perdus dans les Campagnes** (2 milliards par an). Comment on les recueille et comment on les emploie, procédés aussi simples qu'économiques, à la portée des plus pauvres cultivateurs. — 2e édition, 1 volume grand in-18 jésus (en vente). . . . . 1 fr. 50 c.

Ouvrage approuvé par le conseil supérieur de perfectionnement de l'enseignement secondaire spécial; médaille de la Société pour l'enseignement élémentaire, etc., etc.; traduit et imprimé en plusieurs langues.

FRAGMENTS D'APERÇU SOMMAIRE : Ce que chaque cultivateur laisse en moyenne perdre d'engrais chaque année. — Composition des plantes et des engrais. — Matières fécales, solides et liquides. — Animaux morts : chair, sang, os, cornes, poils, plumes de rebut. — Principes fertilisants volatiles des fumiers de ferme, purins, urines. — Eaux du lavage des laines, du rouissage du chanvre, etc. — Eaux de pluie lavant les cours, les chemins, les terres; eaux des ruisseaux, etc. — Les champignons non comestibles convertis en riche engrais. — L'ajonc accapareur et réceptacle d'azote, etc., etc. — Conclusion.

II. **De l'Engrais pour rien**. Sa production à la ferme. — Les cultures toujours rémunératrices. — De gros profits. — 1 vol. in-12, vient de paraître (en vente). . . . . . 2 fr. 50 c.

FRAGMENTS D'APERÇU SOMMAIRE : L'alimentation des plantes. — Les engrais dans l'antiquité. — La fertilisation du sol chez les Romains. — L'invasion des barbares. — Les champs ne sont plus fumés que par le sang du laboureur. — Conséquences. — Déjections des divers animaux, valeur fertilisante de chacune d'elles. — Le fumier de ferme, valeur fertilisante moyenne (azote, phosphate, etc.). — Les engrais concentrés; valeur, effet, dangers, fraudes. — La centaine de millions payée chaque année par l'agriculture française à l'étranger. — Le guano du Pérou, cubage des gisements, épuisement prochain. — Après ? — Il n'était que temps de chercher et de trouver autre chose.— *L'engrais pour rien.* — Il n'y a rien de commun entre lui et ces poudres ou ces liquides mirifiques dont quelques pincées ou quelques gouttes doivent produire des miracles. —Valeur fertilisante de l'*engrais pour rien* (azote, phosphate), quatre fois supérieure à celle du fumier ordinaire de ferme. — Effet, durée de l'*engrais pour rien*, accord de la science et de la pratique. — Peut être obtenu partout à peu près en aussi grande quantité qu'on le désire. — Ni installation coûteuse, ni mise de fonds de la moindre importance, ni embarras. — Profits énormes obtenus à côté de l'engrais et hors de proportion avec les maigres bénéfices habituels de la culture. — Avantages réalisés sur l'exploitation de l'auteur. — Explication de la richesse en azote de l'*engrais pour rien* et des profits considérables obtenus par le cultivateur qui le produit. — Modification des conditions agricoles présentes. — Tout le monde y gagnera, etc., etc.

III. **Le Pain moins cher et plus nourrissant.** Panifications économiques et très-nutrives, à la portée de tous.—La vie à meilleur marché, et l'agriculture prospère. — 1 vol. in-12, paraîtra en septembre 1868. . . . . 3 fr.

FRAGMENTS D'APERÇU SOMMAIRE : Pain des premiers hommes. — Le pain dans l'antiquité, au moyen âge, au temps présent. — Famines aux diverses époques; les millions d'êtres détruits par la faim : scènes épouvantables.— Le pain, dans tous les temps, fait et défait les empires. — Coup d'œil sur les principes généraux de l'alimentation.— Rôle des substances azotées, grasses, carbonées. — Valeur nutritive des divers grains, farines, et de quelques autres substances. — Grandes erreurs. — Conséquences déplorables.— Les divers pains de boulanger, leur confection, leur valeur nutritive réelle. — Les mystères de la panification. — La blancheur et la légèreté du pain obtenues en introduisant dans la pâte des substances nuisibles à la santé. — Le pain de ménage presque toujours mal fait, sa confection rationnelle, sa valeur nutritive réelle. — Le pain *trompe-faim* au riz, à la fécule, en forçant d'eau, etc. — *Le pain économique à haute valeur nutritive.* — Se prête à tous les genres.— L'auteur, sa famille et ses gens se nourrissent de ce pain.— Nombreuses formules. — Bénéfices énormes. — Le pain de valeur nutritive égale à celle de la viande, et ne coûtant pas plus cher que le pain ordinaire, trois fois moins nourrissant. — Conditions économiques et agricoles forcément et heureusement modifiées. — Les disettes conjurées, etc., etc.

IV. **L'Entretien économique du bétail**, ou comment, dans les disettes particulières des fourrages, l'on évite de vendre ses animaux souvent à vil prix, pour les racheter ensuite ordinairement fort cher.

FRAGMENTS D'APERÇU SOMMAIRE : Principes de l'alimentation du bétail.— Les divers fourrages habituels : foins, pailles, racines, tubercules, etc. — Valeur nutritive de chacun d'eux.— Les fourrages hâtifs; la vérité à leur sujet; les services qu'ils peuvent rendre. — Les disettes de fourrages et les fourrages généralement perdus; herbes diverses; tiges ligneuses diverses; ajoncs et autres arbustes; feuilles d'arbres, etc., etc. — Valeur nutritive; récolte; conservation; emploi.— Alimentation composée. — Comment l'on donne très-économiquement à la paille et aux autres substances analogues la valeur nutritive du bon foin et, jusqu'à un certain point, le goût et l'odeur des aliments aimés du bétail.— Dans cet état, la paille et ses analogues sont consommés sans déchet par les animaux. — Diverses formules. —La transition d'un mode de nourriture à un autre, etc., etc.

V. **Les Cultures en lignes et les doubles récoltes**, immenses résultats.—Un vol. in-12, paraîtra en nov. 1868. 2 fr. 50 c.

FRAGMENTS D'APERÇU SOMMAIRE : La culture du passé. — La culture du présent.— La culture de l'avenir déjà entrevue et pratiquée. — Nécessité fait loi. — Facilité de l'obtention des doubles récoltes. — Economie de main-d'œuvre. — Production doublée, triplée. — Principes pratiques, formules. — Résultats obtenus sur l'exploitation de l'auteur. — Végétation et alimentation (engrais), etc., etc.

VI. **Le Battage le plus simple, le plus facile, le moins fatigant et le plus économique de tous**, permettant au cultivateur, avec son *seul* personnel, *quelque faible qu'il soit,* de séparer rapidement des pailles tous ses grains, céréales et légumineuses *(appareil du prix le plus minime).*— Un volume in-12, paraîtra fin 1868. . . . . . . 2 fr. 50 c.

FRAGMENTS D'APERÇU SOMMAIRE : Les divers procédés usités d'extraction des grains. — Avantages et inconvénients de chacun d'eux.— Le mode nouveau. — Description. — Son application au battage des grains de l'auteur, etc., etc.

VII. **Alimentation saine, économique et réellement réparatrice.** — Un volume in-12, paraîtra au commencement de 1869. . . . . 3 fr.

FRAGMENTS D'APERÇU SOMMAIRE : Ce que tout le monde devrait savoir et ce que tout le monde ignore. — Déplorables conséquences. — Santé, force, longévité dépendent souvent de

l'alimentation. — Le monde renversé. — Ignorance et préjugés.
— Les rations *trompe-faim*. — L'alimentation appropriée au
genre de pertes éprouvées par l'organisme. — Formules. — Valeur nutritive des substances alimentaires.— Principal genre de
réparations que nous offre chacune d'elles.—Quelle est et quelle
devrait être leur valeur vénale. — Nombreux contre-sens à ce
sujet. — La vérité sur le vin. — Peut-il être la boisson *utile* des
pays froids et humides? etc., etc.

VIII. **Le Fumier de ferme.**— Sa production, sa valeur, son
    prix de revient, selon les animaux. — Leur nourriture, leur
    litière. — Son traitement selon sa destination. — Son emploi
    selon les sols, les plantes, etc.— Un volume in-12º, paraîtra au
    commencement de 1869. . . . . 2 fr. 50 c.

On ne peut donner ici, même sous forme de fragments d'a-
perçu sommaire, une idée de ce travail, *le plus complet,* écrit
par un *vrai* cultivateur qui fait de la *vraie* agriculture.

RENSEIGNEMENTS. — CONSULTATIONS.

M. N. DELAGARDE s'efforce d'être, dans ses écrits, aussi clair que possible; mais, malgré la meilleure volonté, on ne peut tout dire dans un livre, ni surtout prévoir tous les cas spéciaux. C'est donc avec la conviction qu'il peut être utile à ses lecteurs que l'auteur met son expérience à leur disposition.

Écrire *franco*, en envoyant 3 fr. en timbres-poste ou mandat-poste.

M. N. DELAGARDE regrette de ne pouvoir se mettre gratuitement à la disposition de ses lecteurs. Il a essayé de le faire, mais il lui a fallu y renoncer, obligé qu'il était d'employer tout son temps à répondre aux demandes qui lui étaient adressées.

AVIS IMPORTANT.

Chacun des ouvrages de M. DELAGARDE est accompagné d'un bon, portant sa signature autographe, d'une valeur de 1 fr. (du tiers du prix d'un renseignement-consultation, sauf les *Engrais perdus dans les campagnes*, dont le bon n'est que de un cinquième). Pour faire appel à l'expérience de l'auteur, il suffit de lui adresser le bon ou les bons dont on est possesseur, en y joignant, s'il y a lieu, la différence entre leur valeur totale et le prix d'un renseignement-consultation (3 fr. .

BON pour un tiers du prix d'un

RENSEIGNEMENT — CONSULTATION.

ERRATA.

1re partie, chapitre II, page 26, huitième ligne, au lieu de :
une demi-centaine de millions, lisez : *une centaine de millions.*

2e partie, chapitre Ier, page 51, quatorzième ligne et suivantes : C'est le réceptacle à guano qui doit dépasser de 10 centimètres tout autour les points où tomberaient les perpendiculaires abaissées des bords extérieurs du juchoir.

2e partie, chapitre VII, page 109, première ligne, lisez : *avec une passion inconnue* à la poule.

2e partie, chapitre IX, page 114, vingt-huitième ligne, lisez : *les nouveaux venus.*

3e partie, chapitre Ier, page 158, quinzième ligne, au lieu de : *dans un petit volume,* lisez : *sous un petit volume.*

3e partie, chapitre II, page 165, douzième ligne, au lieu de : 20 0⟋0 *d'azote* (il s'agit de l'orge), lisez : 2 0⟋0.

DE

L'ENGRAIS

POUR RIEN

PROGRÈS

II

DE

L'ENGRAIS

POUR

RIEN

SA PRODUCTION A LA FERME
LES CULTURES TOUJOURS RÉMUNÉRATRICES
DE GROS PROFITS

PAR

N. DELAGARDE

Simple Cultivateur.

PARIS

Chez tous les libraires, et chez l'auteur

Aux Chevaliers, commune d'Usseau, près Châtellerault (Vienne).

1868.

AVERTISSEMENT.

Diverses circonstances se sont opposées pendant plus d'un an à la publication de ce livre. L'auteur, lui ayant, il y a quelques mois, donné plus de développement, s'était déterminé à le faire paraître en grand format et à un prix plus élevé. Il devait en être ainsi de ses autres publications ; mais il a abandonné ce projet, qui aurait pu nuire à la rapide propagation de ses ouvrages et, par suite, au bien qu'il les croit appelés à faire.

Travailleur des bras une partie de chaque jour, M. N. Delagarde, dans cet ouvrage, comme dans ses autres publications, n'indique rien, ne conseille rien dont il n'ait *longuement et pratiquement* constaté la vérité et l'efficacité.

Mais il n'existe pas de livre où l'on ne trouve

des choses plus ou moins pratiquées ou connues
et qui n'aient déjà été plus ou moins efficacement
dites. Il n'en peut être autrement lorsqu'un écri-
vain embrasse toutes les faces de son sujet. Pas
plus que les autres, ce travail n'échappe à cette
loi des accessoirs ; mais il contient des faits *entièrement nouveaux*, QUI EN SONT L'AME, et auxquels l'auteur attache la plus haute importance,
en raison de l'action qu'il les croit destinés à
exercer sur la production et l'alimentation. Il recommande donc particulièrement à l'attention
du lecteur :

1° Le mode nouveau de traitement qu'il applique aux poules pour obtenir la plus grande
somme de guano, et, généralement, tout ce qui
a rapport à ce dernier ;

2° Plusieurs de ses modes de chauffage gratis
du poulailler ;

3° Son pâturage, sans gaspillage ;

4° Ses modes PRÉCIS d'alimentation *économique* et *rationnelle* des volailles ;

5° Les dépenses et les produits des poules pondeuses ;

6° La conclusion ;

7° Et *une foule d'autres parties* COMPLÉTEMENT
INÉDITES que le lecteur saura bien reconnaître.

INTRODUCTION.

L'homme n'est pas Dieu ; il lui arrive de passer
pendant des siècles auprès de forces ou d'agents dont
il doit tirer un jour les plus formidables ou les plus
fructueux résultats sans en avoir le moindre soupçon :
l'heure n'est pas venue. C'est ainsi, en restant non-
seulement dans le domaine de l'agriculture, mais encore dans celui des matières fertilisantes, que le sulfate
de chaux, ce puissant stimulant de la végétation des
légumineuses, dont tout le monde connaît aujourd'hui
les merveilleux effets, n'est apprécié et employé que
depuis une centaine d'années ; c'est ainsi que le noir
animal, qui, il y a moins de quarante ans, encombrait
les abords des raffineries de sucre et était jeté à la
voirie, a, depuis, rendu fertiles des milliers d'hectares
de landes et produit des millions d'hectolitres de
grain. Ainsi en a-t-il été des eaux provenant des usines

à gaz, source maintenant de l'un des plus puissants engrais chimiques, le sulfate d'ammoniaque; ainsi du phosphate de chaux fossile.

Parfois aussi les plus excellentes choses, celles dont l'efficacité a été constatée dès la plus haute antiquité, restent dans l'oubli pendant des siècles et des siècles. C'est ainsi, pour ne pas sortir du cercle que nous nous sommes tracé, que l'engrais humain, l'un des plus puissants, et dont les effets de fertilisation étaient bien connus des anciens, n'a jamais été employé d'une manière générale et a souvent été proscrit. Aujourd'hui encore les neuf dixièmes de cet engrais sont perdus; et ce qu'il y a de plus triste, c'est que les cultivateurs ne paraissent pas plus se soucier de les recueillir que les habitants des villes (1).

L'humanité n'arrive que lentement à la connaissance et à la pratique de la vérité. Dieu ne lui montre que successivement, au fur et à mesure de ses besoins, les merveilleuses ressources qu'il a créées pour elle. Souvent le voile levé, l'homme n'y voit pas mieux, et il faut que les circonstances, des nécessités impérieuses le contraignent à regarder de plus près. Alors il s'étonne, critique, et quelquefois nie plutôt que d'admettre qu'il a eu si longtemps de mauvais yeux...; il se rend enfin à l'évidence, et un grand progrès est accompli.

---

(1) *Voir* les *Engrais perdus dans les campagnes*, par N. Delagarde.

Les personnes qui éprouveraient quelque difficulté à se procurer par l'intermédiaire de leur libraire les autres ouvrages de M. N. Delagarde, annoncés au commencement de ce volume et sur la couverture, sont priées de s'adresser directement à l'auteur, aux Chevaliers, commune d'Usseau, près Châtellerault (Vienne). On recevra le livre demandé FRANCO par la poste contre mandat-poste ou timbres-poste.

Nous venons aujourd'hui signaler au public agricole un aliment des plantes, un engrais bon entre tous, donnant les plus splendides résultats, pouvant être obtenu à la ferme, confectionné par le cultivateur, en aussi grande quantité qu'il veut, à un prix de revient nul, sans installation coûteuse, sans manipulations repoussantes et sans diminuer en aucune manière les ressources ordinaires en fumiers de l'exploitation. Il ne s'agit pas ici d'engrais artificiels; d'un mélange plus ou moins heureux ou d'une savante combinaison chimique : mélanges et combinaisons ne s'obtiennent pas *pour rien;* c'est encore moins une de ces poudres ou un de ces liquides mirifiques dont quelques pincées ou quelques gouttes doivent produire des miracles; c'est un engrais dont la haute valeur a été constatée dès la plus haute antiquité, engrais à peu près le seul employé dans l'agriculture ancienne, et qui, par une de ces bizarreries dont l'histoire ne nous offre que trop d'exemples, est tombé dans l'oubli ou peu s'en faut.

Cet engrais, c'est tout simplement les déjections des poules, poules *traitées* et excréments *traités* comme il sera indiqué.

« Le fumier de poule, diront peut-être quelques
» lecteurs, ce n'est que ça? Mais le dernier cultiva-
» teur connaît le fumier de poule; il n'y a là rien de
» nouveau. Cet engrais a, en effet, quelque valeur ;
» malheureusement la quantité produite dans chaque
» ferme est insignifiante; et puis les poules coûtent
» plus qu'elles ne rapportent. »

Tous les cultivateurs, il est vrai, connaissent le fu-

mier de poule ; mais comment le recueillent-ils? l'em-
ploient-ils? et dans quel état ? Quatre-vingt-dix-neuf
fois sur cent, ce précieux engrais reste une année à
fermenter sous le juchoir, et lorsqu'on songe soit à le
mêler au fumier d'écurie, soit à le répandre seul,
évaporé, détérioré, éparpillé, gratté par les poules,
qui en emportent chaque jour au dehors une partie
attachée à leurs pattes, il ne reste rien ou presque
rien, et ce qui reste a perdu les trois quarts de sa
valeur. Quant aux poules, à la manière dont elles
sont traitées et conduites dans la plupart des fermes,
elles coûtent parfois, en effet, plus qu'elles ne
donnent, et c'est justice : comme tous les autres
animaux, les poules produisent en raison des soins
qu'elles reçoivent, et l'on verra dans le cours de ce
volume *le profit certain, vraiment extraordinaire
et hors de proportion avec celui de tous les autres
habitants de la ferme, qu'on en peut tirer.*

Comment un engrais qui tenait la première place
dans l'agriculture antique, et dont la puissance peut,
dans certaines conditions, rivaliser avec celle du
guano du Pérou, a-t-il pu être ainsi négligé des cultivateurs modernes?

Les peuples anciens, par goût, par mode et par
orgueil aussi, parfois, élevaient et entretenaient d'énormes quantités de volatiles, dont les déjections étaient
à peu près seules données aux terres, celles des gros
animaux étant brûlées ou abandonnées, comme ne
valant pas la peine d'être transportées aux champs.
Les choses se passaient presque ainsi dans l'empire
romain lorsqu'eut lieu l'invasion des barbares. Dans

l'épouvantable bouleversement qui en fut la conséquences, tout fut détruit. Les vainqueurs ne voulaient
rien des vaincus que leur sang et leurs richesses.
Mœurs, sciences, arts, coutumes, tout disparut, et,
en fait de culture, la terre dû subir les procédés agricoles de la sauvage Germanie et de déserts alors
innomés, aujourd'hui la Russie. Dans les siècles qui
suivirent, il y eut d'horribles famines. Le laboureur
n'était jamais certain de voir lever le grain qu'il con-
fiait à la terre, laquelle ne recevait souvent pour
engrais que le sang de celui qui la cultivait. Les sociétés ressemblent à la mer, agitée encore longtemps
après l'orage. Dans le monde créé par les barbares,
les expéditions succédaient aux expéditions, se croi-
sant, se heurtant, se hachant. Il semble véritablement
que Dieu ait alors voulu frapper cette société antique
si luxueuse, si corrompue, sans cœur, sans foi, sans
croyances et ne vivant plus que pour l'or, la table et
tous les plaisirs, *panem et circenses*. Attila, ce terrible
barbare, disait avec une autorité inouïe : « Je suis le
fléau de Dieu. L'herbe ne pousse plus là où mon cheval a passé. » On peut se figurer ce que devait être
l'agriculture d'une pareille époque. Le cultivateur, ne
pouvant cacher les animaux aussi facilement que
l'argent et le grain, ne possédait que les bêtes absolument nécessaires pour labourer son champ, et ces
bêtes ne pouvaient être des oiseaux. La terre n'était
plus fumée, quand elle était fumée, qu'avec les déjections de l'âne ou du bœuf. Le calme finit par se
rétablir dans le monde, mais l'impulsion était donnée,
et l'on continua à considérer les déjections des gros

animaux comme ce qu'il y avait de meilleur en fait d'engrais. Les déjections des volatiles, qui avaient, à juste titre, tenu le premier rang, ne furent pas les seules délaissées : l'engrais humain, le plus puissant après celui des oiseaux, empoisonnait, disait·on, les plantes, et cet absurde préjugé, chose triste à penser, existe encore, même en France. Il y a moins de cent ans, la question des engrais n'avait pas fait un pas depuis mille ans, et si, grâce aux travaux d'illustres savants dont s'honore ce siècle, nous pouvons ajouter et bienfaiteurs des Sociétés contemporaines, cette question, la plus importante de toutes celles qui intéressent la vie matérielle de l'humanité, car *elle en est la base*, éclate maintenant dans la science, a-t-elle fait beaucoup de progrès dans le monde des cultivateurs? Presque aucun. Le cultivateur, nous entendons la masse, en est encore sur ce point à peu près à la science du Hun et du Visigoth; aussi croyons-nous être utile à certains lecteurs en disant quelques mots de l'alimentation des plantes et des animaux, notions dont nous trouverons plus loin l'application.

Les végétaux, ainsi que les animaux, sont composés de substances de deux sortes : les gaz, pour environ 95 pour cent, et les minéraux, pour environ 5 pour cent. Si on laisse pourrir, se consumer à l'air libre, ou si on fait brûler, ce qui est la même chose, mais dans le premier cas la combustion a lieu plus lentement, 10 kilogrammes de grain, de foin, de paille, ou autres plantes ou parties de plantes, de bois ou de chair, de poils, de corne, etc., on obtiendra 500 grammes de cendre, représentant les substances minérales qui entraient dans la composition des corps détruits. Quant aux 9 kilos 500 grammes disparus, qui en étaient les parties gazeuses, ils sont allés se joindre à l'air qui les avait primitivement fournis. La plupart des cultivateurs ayant les idées les plus fausses sur la composition des fumiers et les effets qui résultent d'une fermentation mal dirigée, nous appelons leur attention sur ces points : à savoir, que chaque jour, chaque heure, chaque minute, un tas de fumier mal préparé, les 999 millièmes sont dans ce cas, perd une partie de ses éléments gazeux, plus des 2[3 en moins d'une année, c'est-à-dire plus des 2[3 de sa valeur. Il perd aussi une plus ou moins grande quantité de ses éléments minéraux, si le purin ou jus qui s'écoule du tas est entraîné par les pluies ou absorbé par le sous-sol. Les gaz sont : le carbone, l'oxygène, l'hydrogène et l'azote ; les minéraux sont : l'acide phosphorique, la potasse, parfois la soude, la silice, la chaux, l'acide sulfurique, la magnésie, le fer et le sel (1).

Les végétaux peuvent se nourrir de matières qui n'ont pas vécu, tandis que les animaux ne peuvent vivre et croître qu'en absorbant des matières qui ont vécu. A cela près, la nourriture des uns et des autres est identique. Les végétaux vivent dans la terre ou dans l'eau par leurs racines, et dans l'air par leur tige et leurs feuilles. Ils puisent dans la terre par leurs radicules (extrémités des racines), et dans l'air par les pores de leurs feuilles, les gaz nécessaires à leur exis-

(1) *Voir* l'appendice des *Engrais perdus dans les campagnes,* par N. Delagarde.

tence et à leur croissance, et dans la terre seulement, toujours par leurs radicules , les substances minérales qui font partie de leur nourriture , dans la proportion, un vingtième environ, où ces substances entrent dans leur composition.

Les plantes sont munies d'organes qui , quoique moins parfaits que ceux des animaux, ont cependant avec les organes de ces derniers beaucoup d'analogie. Seulement, comme les animaux se meuvent, Dieu leur a donné des organes disposés en conséquence : ainsi les pores qui absorbent chez les animaux la nourriture, ou plus exactement les parties de cette nourriture qu'ils s'assimilent, sont placés à l'intérieur, sur le canal digestif que l'animal porte avec lui en se déplaçant ; tandis que chez les plantes, privées de la faculté de se mouvoir et devant puiser une partie de leurs aliments dans la terre où elles sont fixées, les pores destinés à la même fonction sont placés à l'extérieur, à l'extrémité des radicules. Il en est ainsi des pores en relation directe avec l'atmosphère, puisqu'ils sont placés sur les feuilles. Dieu a tout prévu et se révèle dans le plus infime brin d'herbe. Malheureux qui ne le voit pas , et plus malheureux encore celui qui ferme volontairement les yeux. Chacun des gaz dont les plantes sont formées s'y trouve dans des proportions variables, selon l'espèce et la variété de la plante , selon aussi que le sol où elle a vécu contenait en excès l'un ou plusieurs de ces gaz. Il en est ainsi des différents minéraux, qui, nous l'avons vu, concourent ensemble pour environ cinq pour cent à la composition des corps organisés. La proportion de chacun des gaz et de chacun des minéraux varie également chez les animaux, selon l'espèce et selon que leur nourriture contenait en excès telle substance gazeuze ou telle substance minérale.

Parmi les gaz il en est trois : le carbone, l'oxygène et l'hydrogène, qui se trouvent toujours en assez grande quantité dans l'atmosphère et dans la terre pour fournir aux besoins des plantes ; mais il n'en est pas ainsi du gaz azote, qui n'entre que dans une proportion relativement faible dans leur composition, et cependant joue dans leur développement un rôle de premier ordre, importance qu'il conserve dans le règne animal.

L'azote pur est un poison violent ; aussi n'est-ce pas dans cet état qu'il est absorbé par les spongioles des racines et les stomates des feuilles, mais bien lorsqu'il est combiné avec l'hydrogène, c'est-à-dire à l'état d'ammoniaque. C'est aussi en combinaisons diverses que l'absorbent les animaux.

On admet généralement qu'une substance est d'autant plus nourrissante pour l'homme et les animaux qu'elle contient plus d'azote, accompagné d'une suffisante quantité de carbone et de graisse. Il en est ainsi de la nourriture des plantes : plus cette nourriture, les engrais, contient d'azote, plus la plante qui l'absorbe prend un rapide développement, si toutefois cette plante trouve en même temps, dans le sol ou dans l'engrais lui-même, les aliments minéraux qui lui sont nécessaires.

L'azote est la substance la plus difficile à se procurer, et, conséquemment, celle qui se paye au plus haut prix ; aussi est-il d'usage d'estimer la valeur d'un aliment, d'un engrais, surtout d'après la quantité d'azote qu'il contient.

Voici la proportion d'azote contenue dans quelques plantes, puis dans divers engrais :

Froment (grain),	20 à 22 grammes par mille (1)	
Froment (paille),	4 gram.	9 cent. par mille.
Seigle (grain),	16	6
Orge (grain),	18	5
Luzerne sèche,	22	»
Trèfle sec,	18	1
Foin de pré naturel,	12	»
Betteraves,	2	1
Pommes de terre,	3	8

ENGRAIS.

Déjections humaines.

Déjections complètes,	1 gram.	51 cent. par cent.
Excréments,	»	45
Urines,	1	29

Déjections du cheval.

Déjections complètes,	» gram.	74 cent. par cent.
Excréments,	»	55
Urines,	2	61

(1) Ces chiffres et les suivants, parfois des moyennes, proviennent des travaux de MM. Boussingault, Isidore Pierre, de Gasparin, etc.

Déjections du bœuf et de la vache.

Déjections complètes,	» gram.	41 cent. par cent.
Excréments,	»	32
Urines,	»	44

Déjections de l'espèce ovine.

Déjections complètes,	» gram.	91 cent. par cent.
Excréments,	»	72
Urines,	1	31

Déjections du porc.

Déjections complètes,	» gram.	37 cent. par cent.
Excréments,	»	71
Urines,	»	25
Guano du Pérou, en moyenne,	12	»
Poudrette de Bondy,	1	40
Lisier suisse, purin,	»	55

Dans les engrais du commerce non fraudés, l'azote se paye ordinairement 2 fr. 50 c. le kilo. Ce gaz est le seul qu'il soit utile de fournir aux plantes ; les autres gaz se trouvent toujours assez abondamment dans l'air et dans la terre, nous l'avons dit.

Quant aux éléments minéraux, les plantes les pui-

sent surtout dans les engrais, dans le sol ; la quantité
en suspension dans l'atmosphère apportée par les
pluies étant très-faible, nous avons vu quels sont ces
éléments. Comme il en est parmi eux qui entrent
dans la composition de certains végétaux dans une
proportion plus considérable que les autres, on est
parti de là pour classer les plantes selon leur composition minérale. Ainsi on dit que le maïs (tige), les navets, la betterave, la pomme de terre (tubercules), le
topinambour (tubercule), la fève (tige et graine), sont
des plantes à potasse, parce que leurs cendres contiennent, sur 1,000 parties, de 600 à 880 parties de potasse ; que le tabac de la Havane, le tabac allemand,
les tiges de pois, les fanes de pommes de terre (il y
a des végétaux qui font partie de plusieurs catégories),
le trèfle, le sainfoin, sont des plantes à chaux, parce
que, sur 1,000 parties, leurs cendres contiennent de
529 à 674 parties de chaux ; enfin, que l'avoine (paille
et grain), la paille de froment, l'orge (paille et grain),
la paille de seigle, sont des plantes à silice, parce que
sur 1,000 parties, leurs cendres contiennent de 550 à
639 parties de silice.

Les substances minérales qu'il faut le plus souvent
fournir aux plantes, parce qu'elles ne se trouvent pas
toujours en quantité suffisante dans le sol, sont la potasse, sels ou nitrate ; la chaux, sulfate et carbonate ;
l'acide phosphorique, sous forme de phosphate de
chaux. Dans les engrais du commerce non fraudés,
les sels de potasse coûtent ordinairement de 30 à 40 c.;
le sulfate et le carbonate de chaux, 2 à 3 c., et le phosphate de chaux des os, 15 à 25 c. le kilogramme. Le

phosphate de chaux fossile (contenant 50 0[0 environ de matières étrangères) revient à 5, à 8 c. le kilogramme.

On peut voir d'après cela combien il est sage de produire, recueillir et préparer à la ferme même (1) des substances que le commerce fait payer fort cher au cultivateur, lequel doit encore s'estimer bien heureux lorsqu'on les lui livre dans la proportion et de la qualité annoncées. Or nous prouverons que le cultivateur peut éviter les embarras, les transports coûteux, les falsifications du commerce et ses prix élevés en ayant à la ferme même, sous sa main, sa fabrique d'engrais à haute valeur (2) fonctionnant sans trêve ni relâche. Fabrique merveilleuse, car elle lui fournira POUR RIEN tout le complément de la nourriture (engrais) nécessaire à ses plantes, et, par-dessus le marché, des profits immédiats qui n'ont d'analogie qu'avec ceux que réalisent l'industrie et le commerce, tout en étant plus sûrs.

(1) *Voir* les *Engrais perdus dans les campagnes,* par N. Delagarde.

(2) *Voir*, à la CONCLUSION, l'explication 1º de la richesse des excréments de la poule, 2º des hauts profits qu'elle donne.

DE

L'ENGRAIS POUR RIEN

SA PRODUCTION ET SA CONFECTION A LA FERME

LES CULTURES TOUJOURS RÉMUNÉRATICES

DE GROS PROFITS

Les personnes qui éprouveraient quelque difficulté à se procurer par l'intermédiaire de leur libraire les autres ouvrages de M. N. Delagarde, annoncés au commencement de ce volume et sur la couverture, sont priées de s'adresser directement à l'auteur, aux Chevaliers, commune d'Usseau, près Châtellerault (Vienne). On recevra le livre demandé FRANCO par la poste contre mandat-poste ou timbres-poste.

PREMIÈRE PARTIE.

I.

LA POULE N'A ENCORE ÉTÉ APPRÉCIÉE QUE SOUS LE RAPPORT DE LA PRODUCTION DE LA VIANDE ET DES ŒUFS ; ELLE A UN AUTRE ROLE.

Jusqu'ici, dans les fermes et dans les livres, on ne s'est surtout occupé de la poule que sous le rapport de la production des œufs et de la viande, mais fort peu, que nous sachions, comme productrice d'engrais à bon marché, nous devons dire d'engrais pour rien.

La poule, à la fois l'agrément et la richesse de nos basses-cours, est cependant la plus admirable fabrique d'engrais que l'on puisse imaginer. Sous ce rapport et sous bien d'autres, aucun habitant de la ferme ne peut lui être comparé. Passons-les en revue et voyons à quel taux chacun d'eux paye sa nourriture.

Tous les agriculteurs savent que, en moyenne :

Les vaches et les taureaux d'élèves payent leur nourriture, en bon foin naturel,   8 fr. » les 500 kilos;

Les bœufs de trait, vendus de 3 ans 1|2 à 4 ans 1|2,   7 fr.   —

Les bêtes de boucherie,   7 fr.   —

Les bêtes adultes, engraissées au foin,   12 fr.   —

Les bêtes ovines (troupeau),   8 fr.   —

Les moutons à l'engrais,   6 fr.   —

Nous ne faisons pas figurer dans ce tableau les porcs, dont le fumier, par suite de l'abondance de la litière qui en fai partie, occupe le dernier rang.

Or, le foin payé par les animaux que nous venons de citer, 12, 8, 7 et 6 fr. les 500 kilos, a constamment une valeur commerciale d'au moins 40 francs. Ainsi le cultivateur éprouve toujours une perte qui varie de 28 à 34 francs par 500 kilos de foin consommé; pour le dédommager il a le fumier.

La poule, elle, nous le prouverons de manière à convaincre les plus incrédules, par ses œufs, ses poulets et sa chair, paye, et au delà, sa nourriture. Le cultivateur obtient son fumier *pour rien*, et quel fumier !

Par sa teneur en azote, 1,79 pour cent à l'état humide, lorsque les poules reçoivent une partie de leur nourriture en substances riches en azote, soit qu'on les leur donne, soit qu'elles se les procurent en vers et en insectes au pâturage, il vaut, à poids égal à l'état frais :

Un cinquième de plus que celui humain (déjections mixtes pures) (1);

Près de deux fois celui de mouton (déjections mixtes pures);

Près de deux fois et demie celui de cheval (déjections mixtes pures);

Près de quatre fois et demie celui de vache (déjections mixtes pures);

Près de cinq fois celui de porc (déjections mixtes pures).

Enfin il vaut plus de quatre fois le fumier normal de ferme (1) (0 kil, 42 0⧸0 azote) pris dans un état moyen de dessication et composé ordinairement de paille et des déjections mélangées des animaux de l'exploitation.

De l'engrais *pour rien*, et qui, à poids égal, vaut de 1 cinquième à 5 fois plus que celui de tous les autres animaux de la ferme, que peut-on désirer de plus (2)?

S'il était possible de recueillir tous les excréments de la poule, ils payeraient seuls, à très-peu près, sa nourriture, déjà soldée par une partie seulement de ses œufs.

La poule est la bête de rente par excellence. Elle ne mange pas de foin, il est vrai, bien qu'on puisse, en le préparant, l'en nourrir avec profit ; mais le cultivateur n'a pas à rechercher un consommateur de plus à ce produit, qui, dans les quatre-vingt dix-neuxièmes des fermes, n'est jamais récolté en quantité suffisante. La paille et le foin à l'état normal exceptés, la poule mange de tout : herbes, fruits, graines, racines, tourteaux, pulpes, matières animales, tout lui est bon ; tout dans son estomac se convertit en produits immédiatement réalisables.

Tandis qu'il faut attendre des autres animaux, pendant un espace de temps qui se compte souvent par des années, non pas le tout, le tout ne vient jamais, mais du tiers ou du

(1) *Voir* les *Engrais perdus dans les campagnes.*
(2) *Voir* la conclusion à la fin de ce volume.

septième des avances exigées pour leur nourriture, la poule,
elle, en rend compte à son maître dans les 24 heures, et cela
sans relâche quand on sait la diriger.

On reproche à la poule de prendre, lorsqu'elle a faim, sa
nourriture là où elle se trouve, et de gaspiller, sans respect
aucun pour les intentions du maître. Ceci n'est pas sérieux ;
laissons aux autres animaux de la ferme touté liberté, et nous
verrons ce qu'ils feront de nos vignes, de nos champs et de
nos jardins. Les hommes, êtres prétendus raisonnables, voudraient trouver chez un pauvre oiseaux des vertus que la
plupart d'entre eux ne possèdent même pas. C'est être à la
fois injuste et beaucoup trop exigeant.

En présence de ces inappréciables qualités, le défaut re-
proché à la poule, défaut qui ne lui est nullement particu-
lier, mais qui existe chez tous les autres animaux, disparaît
totalement. Nous dirons d'ailleurs comment les poules doivent être traitées pour n'avoir à redouter d'elles aucun
dégat.

II.

LE FUMIER DE POULE EST DU GUANO.

Qu'est-ce que le guano du Pérou? Pas autre chose que les déjections d'oiseaux plus ou moins marins, amoncelées pendant des milliers d'années, peut-être, sur le sol de certaines îles du Pérou. Les couches de ces îles ont été cubées en 1853. On a trouvé qu'elles contenaient 13,460,752,000 kilogrammes de guano. Si les expéditions annuelles du Pérou ne dépassent pas 500,000,000 de kilogrammes, les dépôts ne seront épuisés qu'en 1890, dans 22 ans, *mais alors tout sera fini de ce côté*. Il n'était donc pas inutile de chercher autre chose, et surtout quelque chose de moins cher.

Qu'est-ce que le fumier de poule? Du guano, dont la richesse varie en raison des substances plus ou moins azotées absorbées par les poules, qui sont omnivores. En faisant entrer dans leur nourriture une forte proportion de matières animales : sang, chair, poisson, etc., leurs déjections atteindraient à très-peu près la richesse en azote du guano du Pérou, les deux engrais comparés dans le même état de siccité. La valeur des déjections de tous les animaux, sans exception, est, en effet, toujours proportionnelle à la richesse de la nourriture qui leur est fournie.

Les Romains, nous l'avons dit, comprenaient mieux que nous l'importance pour l'agriculture des déjections des oiseaux de basse-cour. C'était alors l'engrais par excellence : il en est toujours ainsi.

Chose singulière! nous allons à des milliers de lieues et payons annuellement à l'étranger un tribut d'une demi-centaine de millions pour nous procurer ce que nous avons ou pouvons avoir le plus facilement du monde, dans la ferme même, sans embarras, sans transport coûteux, avec la certitude de n'être pas trompé, et cela *pour rien*. Mais, nous objectera-t-on peut-être, le guano du Pérou est l'engrais par excellence ; ses parties sont dans l'état le plus propre à être absorbées utilement par les plantes, etc. Cela est vrai ; le guano du Pérou est aussi assimilable que possible, trop, hélas! pour les plantes et pour le cultivateur : ses gaz les plus précieux sont dans un tel état qu'on en perd souvent la moitié ou les trois quarts en le répandant sur le terrain. Il nous est d'ailleurs loisible de rendre le guano de poules tout aussi assimilable et ses gaz moins vagabonds ; il suffit d'une fermentation bien dirigée.

Les chimistes nous fournissent plusieurs analyses de guano de poules, analyses dont les résultats sont si disparates, tellement différents les uns des autres, que ce serait à douter de la science, si l'on devait juger sur les apparences. Mais ce semblant de contradictions s'explique facilement : de même que dans le commerce il y a guano et guano, sans en excepter celui du Pérou, de même aussi il y a guano de poules et guano de poules. Suivant que ce dernier provient de poules bien ou mal nourries, de telles ou telles substances ; selon que l'analyse en est faite dès qu'il vient d'être produit ou lorsqu'il est plus ou moins desséché ; ou bien encore, après un commencement de fermentation ou une fermentation complète, bien ou mal dirigée; selon que ses gaz ont été ou n'ont pas été fixés, le guano de poule peut varier de richesse dans la proportion de 1 à 20, *et plus encore*. Nous avons adopté 1,79 pour cent (1) d'azote à l'état humide, comme étant la proportion qui, d'après les résultats que nous obtenons, nous semble être la plus exacte, lorsque les poules reçoivent en abondance une riche alimentation.

Les fientes de dindes et de pintades ont à peu près la même valeur fertilisante que celle de poules. Celle des pigeons est un peu supérieure; mais ces oiseaux sont loin d'offrir les mêmes avantages, les dindes exceptées cependant (2), que donnent les poules au cultivateur. Les déjections des oies et des canards sont aussi de puissants engrais, mais plus difficiles à recueillir purs, ces volatiles ne perchant pas et couchant sur la litière.

---

(1) M. de Gasparin, *Principes de l'agronomie*, indique 2,59 0[0 d'azote à l'état humide, et 7,02 à l'état sec.

(2) En préparation : *les Dindes et les Oies à haut profit,* par N. Delagarde.

III.

COMMENT ON OBTIENT D'UN NOMBRE DONNÉ DE POULES
LA QUANTITÉ MAXIMUM DE GUANO.

Quelle est dans les fermes la quantité de guano de poules recueillie annuellement ? Rien ou presque rien, pour deux raisons :

La première, c'est qu'on n'en prend aucun soin. Il y a des cultivateurs qui portent tous leurs soins à leur tas de fumier; ils le saupoudrent de plâtre, le stratifient avec de la terre, l'arrosent quand le besoin s'en fait sentir, etc. Mais parmi ceux-là, les plus habiles, combien y en a-t-il qui ont les mêmes attentions pour leur guano de poules ? Peut-être pas un sur mille. On laisse ce précieux engrais s'accumuler sous le juchoir, où il ne tarde pas à entrer en fermentation. Les vers s'y développent et le dévorent, sans compter les insectes auxquels il donne naissance qui dévorent les volailles; les poules le grattent, ses gaz fertilisants disparaissent, il perd ainsi presque toute sa valeur. Il est alors au guano de poules, dont les gaz ont été fixés et préservés d'une fermentation tumultueuse et du grattage, ce qu'est la poudrette aux matières fécales traitées et

conservées comme nous l'avons indiqué (1). Puis, cela a déjà
été dit ici, les poules en emportent chaque jour une partie
au dehors, attachée à leurs pattes. C'est la première raison ;
voici la seconde :

Pour recueillir de leurs animaux le maximum d'engrais,
les cultivateurs habiles les laissent au dehors le moins possible. Il y a même un système, qu'on appelle la stabulation
permanente, qui consiste à tenir les animaux de rente
constamment aux étables et aux bergeries, cela dans le but
de faire de grandes masses de fumier. Quant aux poules, dont
les déjections valent *quatre fois plus que le fumier normal de
ferme*, elles sortent dès l'aube et ne rentrent souvent qu'après
le coucher du soleil. Que deviennent leurs riches excréments
pendant leur absence? Les neuf dixièmes sont perdus... Pendant ce temps aussi, si elles ne sont pas suffisamment nourries à la ferme, elles mettent, selon la saison, les alentours
au pillage. En été, quand les herbes sont en pleine végétation,
que la terre pullule d'insectes, nous comprenons qu'on laisse
les poules au dehors du matin au soir ; il y a alors une com-
pensation à la perte de leur guano. En effet, si elles ne sont
pas trop nombreuses, elles pourvoient seules à leur nourriture. Elles pondent peu ; mais leur maître, ne leur donnant
rien, est cependant satisfait. Il n'en est pas ainsi pendant la
mauvaise saison : par exemple, du premier novembre au premier avril, à quoi bon laisser vagabonder les poules ? fort peu
d'herbes, plus de graines, plus d'insectes, plus de vers ; mais
la pluie, le froid, la neige. Les grosses bêtes ne quittent plus
l'étable, les pâturages n'offrant plus de ressources ; les moutons sont nourris à la bergerie et ne sortent, chaque jour, que
quelques heures prendre l'air. Seules, de tous les habitants
de la ferme, les poules continuent à jouir de la liberté la plus
illimitée. Mouillées, gelées, courant tout le jour à la recherche

---

(1) *Voir* les *Engrais perdus dans les campagnes.*

2*

d'une pâture introuvable , elles rentrent le plus souvent au poulailler dans le plus piteux état. Plus d'œufs, bien entendu, avec un pareil régime, malgré les déchets de grains distribués ordinairement à midi , mais même perte d'engrais que pendant la belle saison.

En résumé, de la manière dont les poules sont traitées dans la plupart des exploitations , elles ne laissent pas au poulailler la moitié de leurs déjections, et cette moitié y perd, faute de soins, les trois quarts de sa valeur. De plus , avec ce système de liberté sans limites accordée aux poules, beaucoup d'entre elles prennent la liberté de pondre , quand elles pondent, dans tous les coins et recoins de la ferme, où le plus ordinairement les œufs ne sont jamais trouvés.

Une poule du poids de 2 kilogrammes donne en 24 heures 0 kil. 156 gr. de guano, pesé à l'état frais, et par année 57 kilogrammes, contenant 1 kil. 017 gr. d'azote et 1 kil. 383 gr. de phosphate de chaux. Ces 57 kilogrammes de guano-poule , qui par leur dessiccation perdent bientôt une forte proportion de leur poids, équivalent, d'après leur richesse en azote, à 8 kil. 475 gram. de guano du Pérou, valant 2 fr. 96, les 100 kilogrammes coûtant en moyenne, rendus à la ferme, 35 fr.

Ainsi, une poule donne par ses déjections une valeur de 2 fr. 96. Il y a donc un grand intérêt à la retenir le plus possible au poulailler sans nuire ni à sa santé ni à sa ponte.

Les poules se trouvent très-bien du régime suivant :

En janvier, le poulailler est ouvert de midi à 4 heures.

En février, de 11 heures à 5 heures ;

En mars, de 9 heures à 6 heures ;

En avril, de 7 heures à 7 heures ;

En mai, de 6 heures à 8 heures ;

En juin, depuis le lever jusqu'au coucher du soleil ; mais comme on doit appeler les poules à midi pour leur faire une distribution de nourriture dans le poulailler , on en profite

pour les y tenir deux ou trois heures, elles font là leur sieste.
Il en résulte que, bien que les jours soient plus longs, elles
ne sont pas en juin plus de temps dehors qu'en mai ; on agit
de la même manière en juillet et en août.

En septembre, elles sortent de 7 heures à 7 heures ;
En octobre, de 9 heures à 6 heures ;
En novembre, de 11 heures à 5 heures ;
En décembre, de midi à 4 heures.

On obtient ainsi de chaque poule 33 kil. 371 gram. de guano,
contenant 0 kil. 595 gram. d'azote et 0 kil. 809 gram. de
phosphate de chaux, équivalant à 4 kil. 958 gram. de guano
du Pérou, valant 1 fr. 73 c.

Les heures que nous indiquons ne sont pas absolues : pendant les plus mauvais jours de l'hiver, lorsque le froid sévit
dans toute sa rigueur, lorsqu'il pleut sans relâche ou lorsque
la terre est couverte de neige, les poules ne doivent pas sortir
du poulailler. La neige leur est surtout extrêmement contraire. Par contre, pendant les beaux jours de mars et d'avril,
d'octobre et de novembre, il n'y a pas d'inconvénient à les
laisser au dehors un peu plus longtemps.

Ainsi conduites, les poules donnent beaucoup de guano.
Nous allons dire comment on lui conserve toutes ses qualités
fertilisantes.

IV.

COMMENT ON CONSERVE AU GUANO DE POULE TOUTES SES QUALITÉS FERTILISANTES.

Nous avons déjà fait remarquer qu'on ne prend ordinairement dans les fermes aucun soin du guano de poule, et qu'en définitive ce qu'on obtient a perdu les trois quarts de sa valeur.

Il est cependant bien facile de lui conserver toutes ses qualités. Il faut d'abord, au moyen d'un clayonnage qui entoure la place où il tombe, empêcher les poules de le gratter. (Lorsque nous nous occuperons du poulailler, nous ferons connaître la meilleure disposition à donner au juchoir et à ses accessoirs.) Il faut, de plus, empêcher la fermentation de s'y développer. L'épaisseur du guano-poule augmente chaque jour; en été, surtout, le guano-poule s'échauffe très-vite et il y naît des myriades d'insectes et de vers. Pour obvier à ces inconvénients, on prépare un mélange composé tout simplement de :

Terre sèche de bonne qualité, au besoin passée au crible de maçon pour enlever les pierres, 3 parties ;

Cendres, 2 parties.

Plâtre, 1 partie.

On brasse le tout, et on répand chaque jour une certaine quantité de ce mélange sur le sol du poulailler.

Prenons pour exemple une réunion de cinquante poules : on mélange 36 doubles décalitres de terre de bonne qualité, sèche et exempte de pierres et de mottes, pour le mieux criblée, avec 24 doubles décalitres de cendres et 12 doubles décalitres de plâtre, en tout 72 doubles décalitres , quantité suffisante pour une année. Ce mélange doit être placé dans un lieu sec. Chaque jour on balaye le sol du poulailler et on jette sous le juchoir le résultat du balayage, en recouvrant tout le guano tombé pendant la nuit ; puis on répand sur le sol du poulailler environ 4 litres du mélange ci-dessus. On fait tous les jours la même opération.

Les avantages de cette méthode sont faciles à saisir.

Le guano de poule ne peut fermenter, séparé qu'il est et en quelque sorte praliné journellement par une couche de poussière absorbante et désinfectante, et peut être ainsi conservé indéfiniment sans laisser échapper ses gaz fertilisants. On peut l'employer dans cet état, mais il est infiniment plus profitable de lui faire subir préalablement une légère fermentation, en l'établissant en tas dans un lieu abrité de la pluie, du vent et du soleil, et en l'arrosant avec de l'urine ou du purin. Lorsque le guano de poule est ainsi resté deux à trois mois, ses différentes parties sont prêtes à servir immédiatement de nourriture aux plantes. Ses gaz n'ont éprouvé aucune déperdition, aucune odeur ammoniacale ne se fait sentir, et l'on n'a pas à craindre les pertes énormes que l'on éprouve le plus souvent dans l'opération de l'épandage avec le guano du Pérou et ses pareils.

La fermentation bien réglée est aux aliments des plantes (les engrais) ce qu'elle est aux aliments des hommes et des animaux : une foule de parties dans un état rebelle à l'absorption *utile*, par la plante ou par l'animal, deviennent assimilables après la fermentation. Nous connaissons la cuisine de l'homme

et nous commençons à nous préoccuper de celle des animaux en ne faisant qu'entrevoir celle des plantes, qui, un
jour, tiendra la première place dans les études du cultivateur. Cette cuisine des végétaux, conséquence de leur composition, nous dit dès à présent qu'il est nécessaire de fournir,
par exemple aux plantes à potasse, un aliment contenant plus
de cette substance que celui destiné aux plantes dont la constitution exige la chaux. Le cultivateur, en préparant son
guano pour la fermentation, pourra le rendre plus propre à
nourrir une plante déterminée, en augmentant la proportion de potasse au moyen de cendres et la proportion de
chaux au moyen de chaux éteinte, de coquilles d'huîtres pul-
vérisées, etc., etc.

V.

APPLICATION DU GUANO DE POULE.

Quantité moyenne nécessaire par hectare.

Tous les auteurs qui se sont occupés du guano de poule ont, avec tous les cultivateurs, *unanimement* constaté la toute-puissance de cet engrais, mais en s'inquiétant fort peu de sa production, et ont donné, relativement à la quantité à employer, les indications les moins précises. Sa valeur fertilisante, en effet, varie dans une proportion excessive. Nous avons dit comment et pourquoi.

Comme le guano de poule, traité ainsi qu'il a été expliqué au chapitre précédent, conserve tous ses principes fertilisants, nous allons indiquer, pour déterminer la quantité à employer par hectare, une méthode rationnelle.

Nous avons vu, au chapitre III, qu'on obtient d'une poule du poids de deux kilogrammes 33 kilogr. 371 gr. de guano par année, 535 grammes d'azote et 809 grammes de phosphate de chaux. Mais la récolte du guano, si nous pouvons nous ex-

primer ainsi, n'est pas la même pour tous les mois de l'année.
Il est évident qu'en décembre et janvier, les poules restant
au poulailler pendant 20 heures, la quantité de guano fourni
par un nombre donné de poules sera double de la quantité
produite par le même nombre de poules ne séjournant au
poulailler que 10 heures en mai, juin, etc. De plus, comme
la quantité de poussière répandue chaque jour sur le guano
ne varie pas, ce qui est nécessaire, parce que bien que les
poules passent, l'été, moins de temps au poulailler et que, par
suite, la somme de guano à recevoir soit moins considérable
que l'hiver, dans la saison chaude les excréments entrent
plus facilement en fermentation et le dégagement des gaz a
lieu plus rapidement ; comme, disons-nous, la quantité de
poussière répandue chaque jour ne varie pas, si on calculait
par hectolitre l'engrais qu'on obtient par le mélange du guano
de poule avec la composition absorbante et désinfectante que
nous avons indiquée, il serait de qualité très-variable. Celui
produit l'hiver serait plus riche que celui produit l'été.

Prenant pour type une bonne fumure moyenne au guano
du Pérou, 350 kilogr. à l'hectare, 35 kilogr. pour 10 ares,
3 kilogr. 500 gr. pour un are, quantités contenant : 45 kilogr.
500 gr., 4 kilogr. 550 gr. et 450 gr. d'azote ; et, d'un autre
côté, sachant que 100 kilogr. de guano de poules nourries de
grains d'orge, de sarrasin ou autres substances contenant la
même proportion de parties nutritives et de substances animales, soit qu'on les leur donne, soit qu'elles les trouvent aux
champs en insectes, vers, etc.; sachant, disons-nous, que
100 kilogr. de guano-poule à l'état frais contiennent 1 kilogr.
790 gr. d'azote, nous établissons le tableau suivant pour une
réunion de 50 poules :

RESTANT AU POULAILLER.	QUANTITÉS PRODUITES		
	Par jour.	Par mois.	Suffisantes pour fumer.
Janvier, de 3 h. du soir au lendemain midi,	21 h., 6 kil. 825	31 jours, 211 kil. 515	8 a. 43 c.
Février, de 5 id. id. 11 h.,	18 h., 5 850	28 id., 163 800	6 53
Mars, de 6 id. id. 9 h.,	15 h., 4 875	31 id., 151 185	6 04
Avril, de 7 id. id. 7 h.,	12 h., 3 900	30 id., 117 000	4 69
Mai, de 8 id. id. 6 h.,	10 h., 3 250	31 id., 100 750	4 00
Juin,	10 h., 3 250	30 id., 97 500	3 52
Juillet,	10 h., 3 250	31 id., 100 750	4 00
Août,	10 h., 3 250	31 id., 100 750	4 00
Septembre, de 7 id. id. 7 h.,	12 h., 3 900	30 id., 117 000	4 69
Octobre, de 6 id. id. 9 h.,	15 h., 4 875	31 id., 151 125	6 04
Novembre, de 5 id. id. 11 h.,	18 h., 5 850	30 id., 175 500	6 53
Décembre, de 3 h. du soir au lendemain midi,	21 h., 6 825	31 id., 211 575	8 43
TOTAUX,		1,698 450	66 90

Ces 1,698 kilogr. 450 gr. contiennent 30 kilogr. 402 gr. d'azote, et 41 kilogr. 258 gr. de phosphate de chaux et peuvent fumer 67 ares, fumure égale à 253 kilogr. 310 gr. de guano du Pérou coûtant, à 35 fr. les 100 kilogr. rendus à la ferme, 88 fr. 65 c.

A l'état frais, ces 1.698 kilogr. 450 gr. donnent 136 doubles décalitres (un double décalitre pèse ordinairement 12 kilogr. 500 gr.), ce qui fait 2 doubles décalitres par are, 4 hectolitres pour 10 ares, 40 hectolitres par hectare.

Quant à la composition absorbante et désinfectante, qu'on se trouvera appliquer en même temps, la quantité variera comme 1 est à 2. Ainsi, en janvier et décembre, elle sera de 9 litres 03 cent. par are, 4 doubles décalitres 13 litres par 10 ares, et de 9 hectolitres 30 litres par hectare.

En ne tenant pas compte de la terre entrant pour moitié dans la composition, on aura dans le guano produit en janvier et décembre :

Par are { cendres, plâtre } 4 litres 51.

Par 10 ares { cendres, plâtre } 45 litres 10.

Par hectare { cendres, plâtre } 451 litres.

Pendant les mois de mai, juin, juillet et août, ces quantités se trouveront doublées, nous avons dit pourquoi.

En examinant le tableau, on voit que le guano produit en janvier par 50 poules peut fertiliser 8 ares 59 ; en février, 6 ares 53 ; en mars, 6 ares 04, etc. Le cultivateur pourra donc toujours se rendre compte de ce qu'il fera. S'il a 100, 200, 500 poules, il pourra fumer un espace de terrain 2 fois, 4 fois, 10 fois plus grand ; s'il n'a que 25 poules, il n'en pourra fumer que moitié ; que 10 poules, que 5 fois moins, etc. De cette manière, il sera toujours certain de la puissance de la fumure qu'il appliquera ; que le compost-guano soit ancien ou nouveau, il n'aura besoin que de se rappeler quels sont les mois pendant lesquels a été produit celui formant son tas.

Le guano de poule, ou plutôt maintenant le compost-guano de poule doit être très-divisé et se répand à la main, comme tous les engrais pulvérulents. Quant à son rôle dans la nutrition des plantes ou la fertilisation du sol, comme on voudra, il est celui des engrais plus ou moins concentrés sans avoir leurs inconvénients. Son application doit cependant être interrompue, tous les trois on quatre ans, par une fumure au fumier de ferme ou l'enfouissement d'une récolte verte. C'est ce que nous faisons dans notre culture : nous fumons *tous les ans toutes nos terres.* Nous n'avons pas besoin d'ajouter que nous nous en trouvons bien.

VI.

L'EFFET PRODUIT PAR LE COMPOST-GUANO DE POULE EST
PLUS DURABLE QUE CELUI DES ENGRAIS CONCENTRÉS.

Nous avons déjà traité cette question à propos du compost-poudrette (1). Le guano de poule mélangé avec la composition : terre, cendre et plâtre, jouit des mêmes avantages. Le plâtre, les parcelles de charbon contenues dans les cendres et les cendres elles-mêmes, s'emparent des principes fertilisants de l'engrais et ne les livrent en quelque sorte aux plantes qu'au fur et à mesure de leurs besoins.

Il n'en est pas ainsi des engrais concentrés, comme du guano du Pérou, par exemple (nous prenons toujours le guano du Pérou pour terme de comparaison, parce qu'il est le premier des engrais commerciaux) ; il n'en est pas ainsi, disons-nous, du guano du Pérou. Cela est si vrai qu'en Angleterre, où l'on s'occupe des engrais, il faut bien l'avouer, avec plus de soin et d'intelligence qu'en France, on a essayé de le mêler, avant de le répandre, avec du sel, du plâtre, de

(1) *Voir* les *Engrais perdus dans les campagnes.*

la poussière de charbon, etc., afin que ses parties volatiles les plus précieuses ne soient pas toutes offertes à la fois et au même moment aux plantes, qui, ne pouvant absorber les substances de toute sorte nécessaires à leur nutrition que proportionnellement à leur développement, impuissantes à s'en emparer, n'en laissent pas aller une partie enrichir l'atmosphère.

Ce défaut est commun à tous les engrais riches en principes azotés volatiles, offerts sous un petit volume aux agriculteurs par le commerce. Il en résulte souvent, nous l'avons déjà dit, qu'au moment critique, lorsque la plante forme son grain, la nourriture lui manque alors qu'elle en aurait le plus grand besoin. Il est inutile, pensons-nous, d'insister plus longuement sur cette vérité.

Dans notre exploitation, le guano de poule, conservé par son mélange avec la composition et appliqué à la dose indiquée, nous a toujours donné et nous donne toujours d'excellents résultats sur tous terrains et pour toutes cultures. Lorsqu'on ne redoute pas la verse des plantes auxquelles on l'applique, on peut forcer les doses sans craindre de voir leur santé en souffrir, ce qui se produirait par une sécheresse prolongée s'il était donné pur, s'il n'avait subi aucune fermentation. Comme ce guano ne nous coûte absolument rien, quand nous le jugeons utile, selon l'état de fertilité des terrains et la nature de la plante cultivée, nous n'hésitons pas à doubler et même à tripler la quantité indiquée : les résultats sont en proportion. Nous pouvons dire du compost-guano de poule ce que nous avons dit du compost-poudrette : c'est un engrais parfait et qui, outre les qualités inhérentes à sa nature, a sur tous les autres engrais l'inappréciable avantage *de ne rien coûter.*

VII.

Nous sommes ici obligé de renvoyer le lecteur au chapitre III, 3e partie, traitant de la dépense et de la production des poules pondeuses. Il y verra qu'une poule de race commune, du poids moyen de 2 kilogrammes, logée et traitée comme il convient qu'elle le soit pour une abondante production d'œufs, donne annuellement, sur la dépense que son entretien nécessite, un excédant de produit en argent de 1 fr. 93 ou 4 fr. 93, moyenne 3 fr. 43. En appliquant le chiffre de 3 fr. 43 par tête à une réunion de 94 poules et six coqs, dont le guano produit en une année est suffisant pour fertiliser 1 hectare 34 ares au même degré que 506 kil. 620 de guano du Pérou, nous trouvons 337 fr. 92 c.

Quant à la dépense nécessitée par l'emploi du plâtre et des cendres pour conserver au guano de poule toutes ses qualités fertilisantes, nous ne croyons pas devoir la porter en ligne de compte, puisque, nous l'avons déjà dit, les matières apportent au sol de la potasse, de la soude, des phosphates, de la chaux, etc., substances dont vivent et dont sont composées

les plantes, et qui se trouvent, en plus ou moins grande proportion, dans tous les engrais naturels et artificiels. On n'aura,
d'ailleurs, le plus souvent, que le plâtre à acheter ; les cendres
seront presque toujours fournies par le four et les foyers de la
ferme. Les quantités moyennes de cendres et de plâtre entrant
dans le compost-guano de poule sont par hectare de : cendres,
451 litres ; plâtre, 225 litres : en tout 678 litres, ou 6 hectolitres
78 litres, qu'on pourra toujours se procurer en dehors de la
ferme, si besoin est, à 2 fr. l'hectolitre, soit 13 fr. 56, et
17 fr. 60 pour 1 h. 34 a., qui, déduits, si l'on veut, de 337 fr. 92,
produit annuel de 94 poules, laissent encore un bénéfice net
de 320 fr. 32 c.

Non-seulement le guano de poule est un excellent engrais,
non-seulement il ne coûte rien, mais il peut aussi être obtenu
à peu près en aussi grande quantité que la culture le
nécessite ; il suffit d'augmenter le nombre des habitantes du
poulailler. Nous avons déjà eu occasion de dire que la richesse
en azote du guano de poule pouvait être élevée, nous ne reviendrons pas ici sur ce sujet, qui sera traité, selon son importance, 3ᵉ partie, chapitres Iᵉʳ et suivants, et dans la CONCLUSION.
Quant aux frais d'installation, ils sont tellement minimes que
nous croyons inutile d'en parler ici. Qu'est-ce, en effet, que le
prix de cent poules mis en regard de leur produit en œufs et
en guano ? Rien, le bénéfice définitif annuel étant de plus de
200 pour 100 ; il y a d'ailleurs des poules dans toutes les
exploitations ; si le nombre n'en est pas assez important, il
sera facile de l'augmenter sans bourse délier : il suffira de
faire couver davantage : en une saison le but sera atteint.

Ce qui manque ordinairement dans les fermes, ce ne sont
pas les poules, mais les soins dont elles et leur guano doivent
être l'objet.

Nous l'avons déjà dit en passant et nous y revenons en raison
de l'importance de la chose, la poule est un agent dont l'activité
productrice et transformatrice ne s'arrête jamais ; c'est une

fabrique de viande, d'œufs et d'engrais qui fonctionne sans relâche. Avec la poule, le cultivateur n'a pas à attendre des années la rentrée de ses avances : la somme en nourriture qu'elle reçoit aujourd'hui, elle la rendra demain prête à être réalisée avec gros bénéfices, donnant en même temps un autre produit, son guano, plus précieux encore pour l'agriculteur.

Quand la poule n'aurait pour unique qualité que de payer sa nourriture par son produit, ce serait beaucoup ;

Quand elle n'aurait que celle de dispenser le cultivateur d'acheter des engrais souvent fraudés, ce serait beaucoup ;

Quand elle n'aurait que celle de fonctionner sans trêve et de rendre le lendemain, transformée en marchandise pouvant être immédiatement vendue et trouvant toujours acheteur, sa nourriture de la veille, ce serait beaucoup ;

Quand elle n'aurait que celle de pouvoir être, comme le porc, nourrie avec les aliments les plus divers, ce serait beaucoup ;

Quand elle n'aurait que celle de débarrasser le cultivateur des innombrables insectes de tous genres qui dévorent ses récoltes, ce serait beaucoup ;

Quand elle n'aurait que celle de n'exiger, ni pour son acquisition, ni pour son installation, les sommes importantes qu'il faut consacrer aux autres animaux de la ferme, ce serait beaucoup, et nous en passons. Mais la poule a toutes ces qualités au suprême degré, et on a le droit de s'étonner que, jusqu'ici, elle ait été privée des soins qu'elle mérite à tous égards, et que le cultivateur ne lui ait pas encore donné, à la ferme et dans ses combinaisons, la place qui lui appartient. Il y a des agriculteurs qui importent à prix d'or, dans leurs exploitations, les animaux les plus hétéroclites, créés, confectionnés pour vivre dans des conditions spéciales, en dehors desquelles ils ne donnent que les plus pitoyables résultats, et ces cultivateurs ne paraissent pas se douter qu'ils ont sous la main un pauvre et modeste oiseau auquel ni aucun des gros

animaux qu'ils possèdent, ni aucun de ceux qu'ils pourraient
se procurer aux dépens de leur bourse, ne peut, sous aucun
rapport, être comparé. Ces cultivateurs nous font l'effet de
ces riches désœuvrés qui vont au loin chercher le bonheur et
la santé, et qui reviennent plus malheureux ou plus malades
qu'ils n'étaient partis, et qui ne voient pas que ce qu'ils vont,
à grands frais, tenter de trouver ailleurs, ils l'ont souvent
chez eux sous la main, ce qu'ils découvriraient bien vite avec
un peu d'attention. Que les millionnaires fassent ce métier
de dupes, nous en sommes peu touchés ; mais que les cultivateurs, qui n'ont pas ordinairement de billets de banque à
jeter au vent, les imitent, c'est de la déraison.

Nous ne donnons pas la poule comme une panacée capable
de guérir tous les maux agricoles : ils sont trop grands et trop
nombreux ; mais elle en peut guérir plus d'un, quand ce ne
serait que celui qui s'appelle insuffisance d'engrais, et cet
autre qui consiste à ne pouvoir souvent vendre sur le marché
certains produits à un prix rémunérateur.

La poule donnera *tout l'engrais qu'on voudra et payera toujours les grains et les autres aliments qu'on lui fera consommer
à un prix rémunérateur.* Avec la poule, la culture des grains
et autres plantes sera toujours profitable. Nous reviendrons
sur cet important sujet.

———

DE

L'ENGRAIS POUR RIEN

SA PRODUCTION ET SA CONFECTION A LA FERME

LES CULTURES TOUJOURS RÉMUNÉRATRICES

DE GROS PROFITS

Les personnes qui éprouveraient quelque difficulté à se procurer par l'intermédiaire de leur libraire les autres ouvrages de M. N. Delagarde, annoncés au commencement de ce volume et sur la couverture, sont priées de s'adresser directement à l'auteur, aux Chevaliers, commune d'Usseau, près Châtellerault (Vienne). On recevra le livre demandé FRANCO par la poste contre mandat-poste ou timbres-poste.

DEUXIÈME PARTIE.

I.

LE POULAILLER.

Le poulailler, nous en avons déjà dit quelques mots, est, dans la plupart des fermes, un lieu infecte où l'on ne sait où mettre le pied. Aucune intelligence ne préside à son établissement. Ouvert à tous les vents ou privé d'air et de lumière, voilà ce qu'il est ordinairement. Le juchoir, composé de perches ou de triques simplement appuyées sur une couple de traverses, souvent sans y être assujetties, est aussi malpropre que le sol ; il n'est jamais nettoyé, et encore moins blanchi à la chaux. Les excréments, une verminière permanente, ne sont enlevés qu'une ou deux fois par an, nous avons dit en quelle quantité et en quel état. Dans un pareil lieu, les poules ne peuvent être à l'aise ; elles y séjournent le moins possible, et, dévorées, l'été surtout, par les insectes, vont pondre au dehors. Il en résulte : perte d'engrais toujours, et souvent perte d'œufs.

Nous allons donner la description d'un poulailler établi dans le but de favoriser le plus possible la production des œufs et en même temps la production maximum de guano, qui peut être recueilli d'un nombre donné de poules. Chaque cultivateur y prendra ce qu'il pourra ; mais nous engageons vivement ceux qui auraient l'intention d'établir à nouveau leur poulailler de s'écarter le moins possible du modèle que nous allons décrire.

Orientement.

Si nous n'avions à nous occuper que de la prédilection des poules, nous conseillerions de placer la façade du poulailler au levant. Les poules sont aussitôt levées que le soleil et aiment ses premiers rayons ; mais les conditions favorables à la production des œufs pendant l'hiver doivent l'emporter, et nous préférons le midi. Cependant, comme la grande chaleur incommode les poules, une plantation d'arbres, d'acacias par exemple, dont le feuillage se développe tard et n'intercepte les rayons du soleil que pendant les mois les plus chauds de l'année, est nécessaire le long de la façade du poulailler, sur une ligne à deux mètres environ de la muraille. Nous conseillons l'exposition du midi ; mais le cultivateur devra tenir compte du climat de la contrée où il se trouve. Dans l'extrême sud de la France et en Italie, en Espagne, par exemple, il pourra y avoir avantage à choisir le levant. Le point important est celui-ci : avec une nourriture convenable pour que la ponte, l'hiver, soit abondante, il ne faut pas que la température du poulailler descende au-dessous de 18 degrés centigrades, sinon la ponte cesse ou n'a plus d'importance. Nous reviendrons sur ce point.

Grandeur du poulailler.

Les poules devant, l'hiver et l'été, rester au poulailler une partie de la journée, pendant lequel temps elles ne se placent que rarement sur le juchoir, ont besoin chacune, lorsqu'elles sont sur le sol, d'une surface d'au moins 16 décimètres carrés, soit 6 poules par mètre carré. Ainsi un poulailler devant contenir, par exemple, 240 poules et 20 coqs, en tout 260 volailles, devra avoir une surface de 43 mètres carrés, soit 8 m. 60 de longueur et 5 mètres de largeur. Nous avons pris au hasard ce chiffre de 260 volailles. Chaque cultivateur donnera à son poulailler une grandeur proportionnelle au nombre de poules qu'il voudra entretenir, en ne perdant pas de vue qu'il faut laisser à chaque poule un espace d'au moins 16 décimètres carrés. Nous supposons que le poulailler est placé dans la cour de la ferme, c'est le cas le plus général, bien que le plus défectueux ; cependant, si le nombre des poules devait dépasser trois ou quatre cents, il faudrait de toute nécessité établir le poulailler dans une cour spéciale, comme nous l'indiquerons au chapitre suivant.

Le sol du poulailler.

Il doit être élevé d'au moins 50 centimètres au-dessus du terrain environnant. Les poules n'aiment pas l'humidité. Devant être chaque jour balayé, il est nécessaire que le sol soit planchéié et non carrelé, bitumé ou simplement garni de terre battue. Ces modes ne valent rien : les trois premiers, parce que, l'hiver, ils glacent les pattes des poules, et leur causent ainsi une déperdition de chaleur considérable, dont souffre la ponte, sans compter les affections goutteuses ; le quatrième mode a tous les inconvénients des trois premiers, et, de plus, celui de ne jamais résister au grattage des poules. Le plancher d'ailleurs, lorsqu'on se borne au simple nécessaire, ne coûte pas beaucoup plus cher que le carreau et revient à meilleur marché que le béton et le bitume. Ce plancher doit être établi non pas horizontalement, mais avec une pente de 2 à 5 centimètres par mètre, se dirigeant de tous les points vers la porte ou toute autre issue, pour qu'on puisse, au besoin, lui donner des lavages, de préférence à l'eau de chaux. Nous devons dire qu'il faut être très-réservé dans l'emploi de ce genre de nettoiement. Les poules abhorrent l'humidité, surtout l'humidité ressemblant à celle qui suit une inondation. On doit se borner à un ou deux lavages du sol par année, exécutés dans la saison la plus chaude et la plus sèche. Une couche de mâche-fer ou, à défaut, de pierrailles, sera fort utilement placée au-dessous du plancher. Nous le répétons encore une fois et à dessein, l'humidité n'est favorable ni à la santé ni à la ponte des poules ; il faut l'éviter à tout prix.

Réceptacle à guano.

Il est utile que le sol du poulailler soit entièrement libre, et il ne l'est pas moins que les volailles qui se placent sur le juchoir plus tôt que les autres, ou qui y restent plus tard, ne salissent pas de leur fiente celles qui sont sur le sol. Pour obtenir ces deux conditions, il faut un réceptacle à guano : c'est une plate-forme en planches parfaitement jointes, suspendue aux soliveaux par six, huit ou dix montants, qui aura, dans l'exemple que nous avons pris, 7 mètres 40 centimètres de longueur, sur 2 mètres 60 centimètres de largeur. Elle sera placée à 1 m. 10 c. du mur du fond, à 1 m. 30 c. de celui de façade, et à 60 c. des murs latéraux. On pourra ainsi circuler tout autour. C'est sur cette plate-forme que tombera le guano des poules placées sur le juchoir et que sera étendu chaque jour le produit du balayage du sol du poulailler. On ne devra pas laisser le compost-guano s'amonceler sur ladite plate-forme sur une épaisseur de plus de 15 à 20 centimètres ; elle sera garnie dans son pourtour de planchettes mobiles de 10 à 15 centimètres de largeur, qu'on ôtera pour enlever plus facilement le compost-guano.

Juchoir.

Le juchoir devra avoir pour surface autant de mètres carrés qu'il y aura de fois quinze poules dans le troupeau. Pour 260 volailles, il aura 7 m. 20 c. de longueur sur 2 m. 40 de largeur, soit 17 m. 28 c. carrés.

Moins long et moins large que le réceptacle à guano de 20 centimètres, il sera placé à 40 centimètres au-dessus, exactement au milieu, soutenu par les mêmes montants, et dépassera ainsi de 10 centimètres tout autour les points où tomberaient les perpendiculaires abaissées des bords extérieurs du juchoir. Cette disposition est nécessaire pour que le guano des poules placées sur les bords du juchoir ne tombe pas sur le sol du poulailler.

Les barres du juchoir, d'une épaisseur suffisante pour ne pas ployer sous le poids des poules, seront, à leur partie supérieure, plates avec les carres abattues ; elles auront 8 centimètres de largeur, et seront placées de manière à laisser entre elles un intervalle aussi de 8 centimètres. Les poules ne pourront tomber en travers. De plus, avec cet espacement, les barres ne seront que rarement sales, si les poules sont de taille moyenne, ce qui est le cas supposé ici. On devra pouvoir enlever ces barres à volonté ; elles seront, dans ce but, simplement posées dans des entailles pratiquées sur leurs supports.

Les barres du juchoir devront être à 60 centimètres au moins au-dessous de la partie inférieure des soliveaux. Le réceptacle à guano se trouvant placé à 40 centimètres au-dessous du juchoir, s'il y a du sol aux soliveaux une hauteur de 3 mètres, par exemple, ce qui serait la dimension la plus convenable, il y aurait donc du plancher au réceptacle à guano une hauteur d'environ 2 mètres, c'est-à-dire qu'il serait facile d'y circuler, ce qui n'est pas indifférent. En tout cas, quelle que soit la distance du plancher aux soliveaux, avec la disposition que nous indiquons pour le juchoir et le réceptacle à guano, l'espace entre ce dernier et le plancher sera toujours suffisant pour qu'on puisse embrasser d'un coup d'œil tout le sol du poulailler et toutes les volailles qui s'y trouvent.

Comme il est très-important que les poules ne puissent pénétrer sur le réceptacle à guano, des clayonnages en osier, ou des treillages en fil de fer ou en ficelle, à grandes mailles, uniront la partie supérieure des planchettes entourant le réceptacle au pourtour du juchoir. Ces clayonnages ou treillages, composés de plusieurs panneaux, devront pouvoir être enlevés et replacés à volonté.

Enfin, deux échelles, pour permettre aux poules de monter sur le juchoir et d'en descendre sans accidents, seront placées en face des deux croisées du mur de façade, croisées dont les embrasures devront avoir 25 centimètres au moins de profondeur. Ces échelles seront appuyées chacune sur deux pieds verticaux, de 30 centimètres de hauteur, placées au milieu et à 40 centimètres du fond des embrasures des fenêtres. Une largeur de 50 centimètres, donnée aux échelles, est suffisante ; et comme les embrasures des fenêtres devront avoir 1 m. 20 de largeur, il sera possible de circuler avec assez de facilité autour du juchoir, si on ne peut passer sous le réceptacle à guano. On veillera à ce que les poules ne se placent pas sur ces échelles pour y passer la nuit, ce qui n'est à craindre que dans les premiers jours de l'installation. Au-dessous de chaque échelle on placera une caisse remplie à moitié de mélange à guano, où les poules pourront aller se vautrer.

Les pondoirs.

Un pondoir est nécessaire pour chaque groupe de quatre

poules. L'un des moyens les plus efficaces d'empêcher les poules de pondre partout, c'est de garnir le poulailler d'un nombre suffisant de pondoirs. Lorsque le poulailler est bien établi, tenu proprement et garni du nécessaire, les poules ne le quittent jamais pour aller s'installer ailleurs. Il en est de même de tous les animaux, et l'homme lui-même ne fait que rarement exception à cette règle. Ainsi, le poulailler qui nous occupe, devant contenir 240 poules, aura au moins 60 pondoirs. Ils seront placés le long du mur du fond (pour effectuer leur ponte les poules préfèrent le demi-jour), et auront 35 centimètres de longueur, 30 de largeur et 20 de profondeur. Le mur du fond ayant une longueur de 8 mètres 60, le premier rang des pondoirs, établi à 50 centimètres au-dessus du sol, contiendra 24 cases; le second rang, placé à 30 centimètres au-dessus du premier, en contiendra 20; les deux premières cases, à droite et à gauche du premier rang des pondoirs, n'en auront pas au-dessus d'elles; le troisième rang, placé à 50 centimètres au-dessus du deuxième, en contiendra 16; les deux premières cases du deuxième rang n'en auront pas au-dessus d'elles.

Les cases seront formées d'une suite d'auges mobiles d'une longueur quelconque, ayant en largeur et en profondeur les dimensions que nous avons indiquées, et supportées par des barres en fer ou en bois, de manière à pouvoir être enlevées à volonté, pour, au besoin, recevoir un nettoyage à l'eau de chaux. Les cases seront séparées entre elles dans le sens de la longueur, 35 centimètres, par des planchettes mobiles, retenues dans des coulisses. En avant de chaque rang, y attenant ou non, et au niveau du fond de l'auge, sera placée une planche large de 20 centimètres, qui servira de passage aux poules, lesquelles atteindront facilement les différentes planches-passages, parce que la première ne sera qu'à 50 centimètres du sol, et que ses deux extrémités dépasseront de 70 centimètres (longueur de 2 cases) les deux extrémités de la planche-passage du second rang des pondoirs. Elle servira, en quelque sorte, de marche-pied aux poules pour monter sur cette planche-passage du deuxième rang, laquelle sera de la même utilité aux poules qui voudront atteindre la planche-passage du troisième rang. Les cases seront garnies de paille douce et hachée ou de balles d'avoine, et chacune d'un œuf de plâtre.

Auges ou baquets.

Dans chacun des deux angles du poulailler formés par le mur de façade et les murs latéraux, sera placé une auge ou baquet, ou mieux un vase en terre cuite d'une hauteur ou profondeur de 15 centimètres et d'une longueur suffisante pour contenir 15 à 20 litres d'eau. Chacun d'eux sera pourvu d'un couvercle mobile, couvercle qui pourra ne pas adhérer au vase et être supporté par un cadre maintenu par des montants reposant sur le sol. Ce couvercle, un peu plus large que la partie supérieure du vase, de manière que les poules, en se plaçant dessus, ne puissent salir l'eau, ce qui a toujours lieu sans cette précaution, devra être maintenu à 15 centimètres au-dessus du vase, afin que les poules puissent facilement passer la tête et le cou dans l'intervalle. L'eau devra être renouvelée 3 fois par jour en été et 2 fois en hiver, lorsque les poules ne quitteront le poulailler que 2 ou 3 heures.

Boîtes aux grains et aux pâtés.

Les poules ne doivent pas recevoir leur nourriture au-dehors du poulailler : 1° parce qu'affectionnant le lieu où on la leur distribue, elles ne rentrent au poulailler que pour y pondre et y passer la nuit ; il y en a même qui tentent de n'y pas rentrer du tout ; 2° parce que l'hiver elles restent trop long-temps sur la place de distribution à grelotter, ce qui n'est favorable ni à leur santé, ni à leur ponte, ni à la production fructueuse de leur guano. On ne doit donner la nourriture

au-dehors que lorsqu'il s'agit de mauvais grains ou de mauvaises pâtées, dont une partie ne sera pas consommée, et,
dans ce cas, ne servir aux poules cette nourriture avariée,
autant que possible, que pendant la belle saison. On ne doit
pas davantage répandre le grain sur le sol du poulailler,
parce que, quelque pur et de bonne qualité qu'il soit, il y en a
toujours une partie non mangée qui reçoit les excréments des
poules pendant le repas, partie qui se trouve ensuite réunie au
guano; il y a alors perte de grains et altération de la qualité de
l'engrais. Enfin, les poules, comme toutes les bêtes de rentes,
doivent avoir constamment de la nourriture à leur disposition
et non pas recevoir tant de grammes de ceci ou de cela. Nous
reviendrons sur ce sujet. Pour que le grain ne puisse être
sali et écarté, on le déposera, une ou plusieurs fois par jour,
dans quatre boîtes de chacune 2 m. 50 c. de long sur 20 c.
de largeur intérieure et 8 centimètres de profondeur. Tout le
pourtour de ces boîtes sera garni de baguettes, ou mieux de
fils de fer placés à 5 centimètres les uns des autres, posés
verticalement : leur partie inférieure dans le bord de la boîte,
et leur partie supérieure dans un cadre de même forme que
la boîte, cadre muni d'une couverture en planches légères, le
dépassant en tout sens de 5 centimètres et s'ouvrant au
moyen de charnières. Ce cadre sera placé à 30 centimètres du
bord supérieur de la boîte; les petits barreaux en fil de fer
auront donc à peu près cette longueur. Ces boîtes seront di-
visées, dans le sens de leur longueur, par une toile métallique à maille assez serrée pour ne pas permettre au bec des
volailles de passer au travers, et assez large cependant pour
ne pas trop intercepter la lumière. L'avantage qu'offrent ces
appareils, dont nous nous servons, est facile à saisir : aucune
partie du grain ou de la pâtée n'est ni salie ni écartée; à
toute heure les poules trouvent de la nourriture, s'attachent
à leur habitation et ne la quittent que pour aller aux champs.
Ces boîtes seront placées : deux au-dessous et un peu en avant

du réceptacle à guano, en face l'entrée du poulailler ; les deux autres sur les côtés latéraux, mais de manière qu'il y ait toujours entre les extrémités des boîtes un espace libre de 1 m. à 1 m. 50 par où circulent les poules. On peut, si besoin est, placer de pareilles boîtes, à un seul compartiment, le long du mur de façade et aussi le long des murs latéraux. Les boîtes qui reçoivent de la pâtée sont nettoyées à chaque distribution de nourriture, et le résidu de la précédente pâtée mêlé avec la nouvelle.

Aération.

Les poules sont avides d'air, en font une énorme consommation et vicient dans un temps très-court celui de l'appartement où elles se trouvent, si ses dimensions ne sont pas en rapport avec leur nombre. En conséquence, outre la porte, qui doit être vitrée, et les deux fenêtres de façade, il doit y avoir dans le mur du fond, ou au moins dans les murs latéraux, d'autres ouvertures de petite dimension, pouvant s'ouvrir et se fermer à volonté, destinées seulement à faciliter le changement d'air, ce qui est tous les jours nécessaire, surtout pendant les grandes chaleurs et l'hiver, lorsque les poules ne sortent pas. L'imposte placée au-dessus de la porte vitrée doit pouvoir s'ouvrir et se fermer en tout ou en partie. Fenêtres, porte vitrée et imposte doivent être garnies d'un treillage en fil de fer, en dedans et en dehors, en dedans surtout, pour éviter les accidents. Ce treillage doit pouvoir être enlevé à volonté pour le nettoyage des vitres, soin que, l'hiver, il ne faut pas négliger, les poules restant au poulailler la plus grande partie du jour.

La porte d'entrée sera munie, au niveau du sol, d'une ou plusieurs ouvertures destinées au passage des poules, et qui se fermeront à volonté au moyen de planchettes glissant dans des coulisses.

II.

CHAUFFAGE DU POULAILLER L'HIVER.

Nous avons déjà dit qu'au-dessous de 18 degrés centigrades la ponte cessait ou n'était plus en rapport avec la nourriture consommée. Lorsqu'on a un certain nombre de poules, le chauffage du poulailler l'hiver est une opération très-lucrative. C'est une pratique usitée dans une partie de l'Alsace, où, dans ce but, l'on se sert d'un poêle. Ce sera aussi le mode de chauffage que nous conseillerons aux personnes dont le poulailler n'occupera pas une position spéciale, ou qui n'auront pas de fumier à leur disposition, comme étant non l'appareil le plus économique et le plus parfait, mais le plus simple, le moins cher et le plus facile à établir des appareils employés jusqu'ici. Le poêle devra être placé sous le réceptacle à guano, en face la porte, le long du passage, entre les pondoirs et le juchoir, et entouré de toutes parts, ainsi que le tuyau central, d'un clayonnage ou d'un treillage, pour que les poules ne puissent se brûler. Mais toutes les fois qu'il sera possible de placer le poulailler contigu à la cuisine, à une pièce où l'on fait du feu l'hiver, son chauffage ne coûtera rien en se servant d'un thermosiphon.

La chaudière du thermosiphon a, dans ce cas , une forme aplatie et est établie dans le fond du foyer de la cheminée , à la place de la plaque de fonte qui s'y trouve ordinairement, et en laissant entre sa partie inférieure et le sol du foyer un espace suffisant pour que le bois, le charbon, le feu y trouvent place. La chaudière du thermosiphon est ainsi chauffée sans dépense aucune.

Le thermosiphon est un appareil composé d'une chaudière entièrement fermée, surmontée d'un tuyau d'une longueur quelconque, allant se développer dans la pièce à chauffer, replié sur lui-même , et dont les deux extrémités viennent plonger dans la chaudière à des hauteurs inégales. L'eau est introduite par un ajutage en entonnoir, placé à la partie la plus élevée du tuyau ; à mesure que l'eau de la chaudière s'échauffe, elle gagne, par l'extrémité du tube la plus rapprochée du couvercle, les parties supérieures de l'appareil, s'y refroidit et redescend par la partie du tube dont l'extrémité plonge dans la chaudière à un niveau plus bas, pour recommencer son mouvement d'ascension dès que ses molécules se sont de nouveau échauffées et redescendre encore. L'eau parcourt ainsi sans cesse le tuyau dans tous ses développements. Avec cet appareil on chauffe moins promptement le poulailler , mais la chaleur se conserve beaucoup plus longtemps qu'avec les tuyaux remplis d'air chaud du poêle. Dans la circonstance, le thermosiphon offre l'avantage , sur les autres moyens de chauffage usités , de n'exiger aucune dépense de combustible, puisqu'il utilise la chaleur perdue d'un foyer de cheminée. Nous le répetons à dessein, toutes les fois qu'il sera possible de placer le poulailler dans ces conditions , les cultivateurs ne devront pas négliger d'en profiter. Ce sera, sans frais, la source de bénéfices certains. Nous reviendrons sur cet important sujet au chapitre : PRODUCTION DES ŒUFS.

On peut encore utiliser la chaleur perdue d'un foyer de cheminée d'une manière plus économique et moins compliquée (1), en ménageant un vide, recouvert d'une plaque de fonte ou de forte tôle, au-dessous du foyer, vide qui s'étend derrière la plaque du fond de l'âtre, laquelle plaque doit être un peu inclinée, sa partie supérieure en avant, pour recevoir plus de chaleur. Ce vide a deux issues : l'une au pied du foyer par où entre l'air, l'autre débouchant dans la pièce à chauffer par où il sort, après s'être échauffé au contact de la plaque du foyer et de l'âtre. Cette dernière issue doit être à la hauteur au moins de la partie supérieure de la plaque de l'âtre. Ce vide, divisé au moyen de briques ou de plaques de tôle ou de fonte, un peu moins longues que sa largeur, placées sur champ, dont la première touche par une de ses extrémités le côté gauche du vide, par où, supposons-nous, arrive l'air, en laissant un espace libre de 8 ou 10 centimètres entre son autre extrémité et le côté droit du vide, et dont la seconde, placée à 8 ou 10 centimètres de la première, touche au contraire le côté droit du vide, en laisant, entre son autre extrémité et le côté gauche un espace aussi de 8 ou 10 centimètres, etc., forme un tuyau en spirale que suit l'air, forcé de recevoir un certain nombre de fois la chaleur des plaques du foyer et de l'âtre, et faisant ainsi profiter la pièce où il débouche d'une chaleur obtenue sans aucun frais et toujours perdue. Ce système peut d'ailleurs être étendu aux côtés du foyer, et aussi à sa partie supérieure, au moyen, là, d'un tuyau de tôle en spirale, faisant en quelque sorte grille, établi avec une inclinaison de 45 degrés au commencement du corps de

(1) Ce mode vous a été inspiré par les *chenets-chauffeurs* de M. FRÉDÉRIC PASSY, invention aussi utile qu'ingénieuse, qui permet d'obtenir le double de la chaleur produite dans un foyer de cheminée par une quantité donnée de combustible. Lorsque les *chenets-chauffeurs* seront connus, ils remplaceront partout, chez le riche comme chez le pauvre, nos inutiles chenets actuels. Le fabricant de ces précieux et économiques appareils, propres à toutes les cheminées, grandes et petites, est M. P. Boué et Cie, fondeurs, 94, boulevard Montparnasse, Paris.

la cheminée. *C'est surtout cette portion de chaleur , portion considérable s'élevant du foyer, qui, à partir du corps de la cheminée, est véritablement et toujours perdue.* Or, cette chaleur perdue suffirait seule à cuire les aliments du cultivateur et de son personnel, voire même ceux de ses animaux, dans une ferme de moyenne grandeur. Il est vraiment regrettable qu'en général savants et mécaniciens ne semblent avoir toujours en vue que les besoins des habitants des villes, et jamais ceux des habitants des campagnes, pour lesquels la science paraît n'avoir rien à faire. Aussi nos cheminées et nos fours, construits comme il y a mille ans, font-ils une énorme consommation de combustible, sans donner de résultat en rapport avec la dépense. Nous avons essayé d'évaluer dans un autre ouvrage (1) combien il se perdait chaque année d'azote par la combustion des matières qui servent au chauffage. La somme en argent est effrayante. Malheureusement la science n'a encore rien trouvé pour empêcher ou au moins atténuer cette énorme perte de gaz fertilisants. Il n'en est pas ainsi de la chaleur : il existe des appareils excessivement ingénieux qui permettent de tirer tout le parti possible d'un kilogramme de bois ou de charbon. Mais, hélas! presque tous ces appareils ont été inventés , perfectionnés et construits, nous le répétons, pour les besoins des habitants des villes et non pour les besoins des cultivateurs. Du reste, si l'on compare notre mécanique agricole à celle de certaines industries, on est véritablement attristé : notre outillage est encore dans l'enfance. De plus, les constructeurs sont dans une voie fausse : ils ne s'occupent que d'instruments d'un prix élevé, ne pouvant être utilisés avec profit que dans les grandes exploitations , lesquelles deviennent de jour en jour plus rares et semblent destinées à disparaître totalement si le mouvement de trans-

(1) Les *Engrais perdus dans les campagnes.*

formation qui s'opère doit continuer ; nous ne jugeons pas , nous constatons. Il en résulte que la moyenne et la petite culture, la majorité, ne profitent aucunement des rares appareils assez perfectionnés pour rendre quelques services. Le jour, mais ce jour-là seulement, où le moyen et le petit cultivateur auront quelque instruction des choses de leur état , quelques notions rationnelles de l'emploi des forces , ce dont la plupart d'entre eux ne se doutent pas, la mécanique agricole sortira forcément de l'ornière où elle se trouve; car les cultivateurs inventeront et perfectionneront eux-mêmes. Ce jour béni, qui fera de l'agriculture le plus heureux de tous les états, elle qui en est déjà le premier, le plus indépendant et le plus honnête, qui retiendra et ramènera aux champs et, conséquemment, aux principes religieux et moraux, tant de malheureux de toutes les classes égarés par le clinquant des villes, de l'industrie et des professions libérales , ce jour qui doublera la production de la France et fera d'elle la plus riche nation du monde, cette génération en verra l'aurore. Grâce en soit rendue au gouvernement , qui a compris que l'un de ses premiers devoirs était d'apprendre les principes rationnels de la culture aux cultivateurs et de les enseigner à tous, puisque l'agriculture est la *base* de tout le côté matériel de ce monde. Que dire, par exemple, de nos machines à battre actuelles, qui coûtent de 1,000 à 3,000 francs et plus , qu'il faut une force énorme pour faire mouvoir , 10 à 20 ouvriers pour servir, et dont, en définitive, le travail revient aussi cher, si ce n'est plus, que celui du fléau, lorsque nous voyons, dans les usines de l'industrie, des machines qui font le travail de 30, 40, 50 ouvriers *différents* avec une économie de 75 pour cent ? que dire de nos semoirs , qui n'ont souvent que le nom de la chose, qui coûtent des prix fous et qui ne peuvent fonctionner que dans des conditions toutes spéciales ? Il en est ainsi plus ou moins de presque tous nos instruments; mais revenons à notre sujet.

Il y a encore un autre mode de chauffage, aussi économique que possible, dont le principe est le même que celui que nous venons de décrire, avec cette différence que le calorique est ici produit par la fermentation, la combustion lente et régulière du fumier.

Cet appareil, auquel on donne la forme que doit avoir le tas de fumier, ou une partie du tas, si on ne veut utiliser qu'une partie de son calorique, consiste en un tuyau en spirale dont l'extrémité supérieure va déboucher, à la hauteur du plafond, dans la pièce à chauffer, mise de la même manière en communication avec l'extrémité inférieure de la spirale, extrémité inférieure qui débouche dans la pièce au rez du sol. La spirale peut être en plomb, en zinc, en fer, en fonte ou en terre cuite. Les tuyaux en terre cuite sont un peu plus difficiles à poser, mais ils sont d'un prix bien moins élevé, et ne peuvent être attaqués par les sels et les acides du fumier, qui ont beaucoup d'action sur les métaux. A ces deux derniers points de vue, les tuyaux en terre cuite présentent une incontestable supériorité.

La spirale, c'est-à-dire la partie de l'appareil noyée dans le fumier, doit être supportée et maintenue solidement par des supports en fer, en fonte, en briques ou en pierres. Ces supports doivent prendre le moins de place possible, parce qu'ils sont nombreux. Avec de forts tuyaux en fonte, les supports peuvent être placés à 2 mètres et plus les uns des autres ; avec des tuyaux en poterie, la distance, souvent, ne pourra excéder 60 centimètres, si l'on ne veut s'exposer à voir l'appareil brisé sous le poids du fumier, ou par suite du peu de précaution que prennent parfois les ouvriers en établissant le tas et en l'enlevant. Les différentes sections ou étages de la spirale traversent les supports avec lesquels ils doivent être intimement unis. Quelque forme que l'on donne à la spirale, elle doit se développer de manière que, verticalement, ses étages soient à 35 à 40 centimètres les uns des autres ; hori-

zontalement, la distance doit être plus considérable, un mètre
au moins, afin de faciliter la confection du tas de fumier et
son enlèvement. Autant que possible, l'appareil est placé au
milieu du tas, lequel doit être assez large et assez long pour
qu'aucune partie de la spirale ne se trouve à moins de 80 centimètres à un mètre de ses côtés, surtout si le tas n'est pas
entouré d'une petite muraille. Si le tas de fumier est très-
large, on peut y établir plusieurs spirales. Ainsi un seul appareil exige une largeur de fumier d'environ 2 m. 60 c.; deux
appareils, en laissant entre eux un espace de 2 mètres, espace
aussi garni de fumier, pour le·passage des brouettes et des
charrettes, exigent une largeur de fumier de 5 m. 20 c. Dans le
premier cas, le fumier est amené en passant à droite et à
gauche de la spirale ; dans le second cas, on a de plus le passage de 2 mètres du milieu. Quant à l'enlèvement du fumier,
si le tas ne contient qu'un seul appareil, les voitures se placent
sur les côtés ; si le tas contient deux appareils, les voitures se
placent aussi sur les côtés, et de plus, en reculant, dans le
passage du milieu, au fur et à mesure de l'enlèvement du
fumier. Si le tas de fumier est considérable et que l'on veuille
faire arriver les voitures par une extrémité et sortir par l'autre,
il faut établir le tuyau qui, partant de la partie supérieure des
spirales, traverse le passage pour se rendre dans la pièce à
chauffer, assez haut pour ne pas être atteint par les voitures
chargées. Quant à la partie du tuyau faisant communiquer la
pièce chauffée avec la base de la spirale ou des spirales, cette
partie du tuyau ne gêne pas ; on la noie dans le sol de la fosse
à fumier.

Si la quantité de fumier fournie par l'exploitation est très-
importante et la pièce à chauffer très-vaste, on peut diviser
l'emplacement du fumier en deux, trois, quatre parties ou
davantage, ayant chacune leur spirale. Nulle interruption n'est
alors à craindre, car si un ou plusieurs appareils sont momen-
tanément privés de fumier, les autres fonctionnent. En mul-

tipliant les spirales, en rapprochant leurs différentes parties, en faisant disparaître le passage de 2 mètres de large, on obtient une bien plus grande masse de chaleur, double, triple, quadruple ; mais la mise et l'enlèvement du fumier exigent plus de précautions, plus de temps, et, par suite, coûtent plus cher. Aussi venons-nous de présenter le procédé de manière à n'apporter aucun trouble dans les habitudes, aucun surcroît de dépense dans la mise en tas et l'enlèvement des fumiers. Dans ces conditions, on obtient véritablement du calorique pour rien.

La spirale communique à l'air qu'elle contient la chaleur qu'elle reçoit du fumier ; cet air se dilate, s'élève dans l'appareil et entre dans la pièce à chauffer, dont il va occuper les parties les plus élevées ; il exerce une pression sur l'air moins chaud de la pièce, lequel, d'ailleurs, est attiré dans la spirale par le vide résultant du mouvement d'ascension de l'air, qui s'y échauffe et continue à se rendre dans l'appartement, dont l'air froid est refoulé de plus en plus vers le sol, d'où il entre dans le tuyau, qui le conduit à la base de la spirale, etc. La pièce à chauffer reçoit ainsi l'air chaud de la spirale et lui donne son air froid ; l'échange est continuel.

Le tuyau partant de la partie supérieure de la spirale et se rendant dans la pièce à chauffer ne doit pas rester nu, exposé aux influences de la température extérieure et à la pluie, mais être garni d'une forte épaisseur de paille recouverte d'une sorte de toiture de même nature.

Ce moyen de chauffage est aussi économique que possible, puisque, sans main-d'œuvre et sans frais, sauf ceux de premier établissement, qui sont bien minimes avec des tuyaux en terre cuite, il utilise du calorique toujours perdu ; il a de plus, sur les autres procédés que nous avons décrits, l'avantage de donner une chaleur d'une égalité parfaite sans le secours de la main de l'homme. Assurément la chaleur qui se développe dans un tas de fumier nouvellement établi est plus forte,

à un certain moment, qu'un ou deux mois plus tard ; mais
cet abaissement de température ne se produit pas brusquement, comme lorsqu'on cesse d'alimenter un foyer de cheminée ; et si le tas est divisé en plusieurs parties ayant chacune
son appareil, la température de la pièce reste à peu près
toujours constante, et l'on n'a qu'un soin à prendre : laisser
entrer assez d'air extérieur pour que la température ne s'élève
pas au-dessus du degré que l'on ne veut pas dépasser.

On ne prend au fumier qu'une partie de son calorique,
calorique toujours perdu dans nos exploitations ; tous les
principes fertilisants sont conservés si le tas a été traité comme
il convenait. Ce moyen de chauffage n'a absolument aucune
action défavorable sur l'engrais. Nous n'avons pas besoin
d'ajouter qu'aucune odeur de fumier ne pénètre dans la pièce
chauffée, l'air qui circule n'ayant dans la spirale aucun contact avec l'engrais. Ce procédé peut être employé à chauffer
le boudoir le plus parfumé ; il peut servir à chauffer l'habitation du cultivateur, des couveuses artificielles (nous reviendrons sur ce sujet), un séchoir à linge, à aider à la fermentation des aliments, à la dessiccation des produits tardifs, au
chauffage des vins, etc. ; enfin à entretenir dans les étables et
les bergeries une chaleur constante. Si les vieilles fermes
offrent aux animaux des habitations généralement trop peu
aérées, en revanche les constructions agricoles nouvelles
pèchent souvent par le défaut contraire. Nous devrions savoir
tous, cultivateurs, que les animaux, comme l'homme, doivent,
à l'état de repos, être placés dans un milieu dont la température ne permette aucune déperdition de leur chaleur propre,
perte qu'ils ne peuvent remplacer qu'en absorbant un surcroît
de nourriture qui puisse leur fournir le carbone nécessaire à
la production de la chaleur dégagée de leur corps. Or, ce surcroît de nourriture, qui peut parfois dépasser un quart et plus
de la ration ordinaire, est une dépense avec laquelle tout cultivateur intelligent doit compter. Si le supplément de nourri-

4*

ture fait défaut, la chaleur perdue est néanmoins remplacée, mais aux dépens de la production de la chair, de la graisse, du lait ou du travail.

Il y a un livre à faire sur les forces perdues, dans les campagnes surtout. L'homme n'a pas à espérer une augmentation de la chaleur solaire, qui ne peut que l'affaiblir. Quant à la température propre de notre globe, elle a toujours diminué, et, à moins que Dieu n'intervienne, elle diminuera toujours. Or, quand les générations à venir auront percé, déchiré, fouillé la terre et terminé,—tout a une fin ici-bas,—l'extraction de la houille et des huiles minérales; quand l'augmentation toujours croissante de la population ne permettra de cultiver en bois (nous disons *cultiver* à dessein) qu'une bien petite surface; alors, si d'ici là Dieu ne se lasse pas de l'égoïsme, de l'orgueil et de la sottise des hommes, on saura, par nécessité, recueillir et utiliser le calorique que nous laissons perdre; peut-être alors conservera-t-on la chaleur, comme aujourd'hui nous conservons la glace; peut-être aussi, dans un avenir moins éloigné, saurons-nous réunir, concentrer la chaleur perdue de nos foyers, de nos fours, de nos fourneaux, de nos fumiers, pour non-seulement chauffer et sécher ce qu'il nous plaira, mais encore produire, au moyen d'un appareil spécial, un mouvement d'eau, un cours de liquide, de vapeur ou de gaz emprisonné dans un tuyau, une force enfin capable de faire gratuitement fonctionner nos instruments d'intérieur de ferme.

En ce qui concerne le poulailler, lorsqu'on ne peut employer les procédés de chauffage économique que nous venons d'indiquer et qu'on n'entretient pas un grand nombre de poules, il est possible de l'établir, pendant l'hiver, dans une écurie ou une bergerie. Les poules profitent encore là d'une chaleur qui ne coûte rien. Cela se pratique d'ailleurs dans quelques fermes, mais dans des conditions déplorables : le juchoir est parfois placé dans la bergerie, placé à demeure, sans aucune séparation , et le troupeau reçoit sur sa laine le guano des poules, qui restent là été comme hiver. Par suite, les bêtes ovines sont dévorées , l'été surtout, par les différents insectes dits poux de poulets, et dont l'un d'eux, de couleur rouge, qui naît dans la fiente des volailles, exerce de terribles ravages. Ce n'est pas ainsi que nous comprenons l'installation des poules dans les habitations des animaux de la ferme. D'abord, cette installation ne doit être que passagère, pendant l'hiver seulement; puis une séparation en lattes, en clayonnage ou en filets, ne doit pas permettre aux poules d'aller, de leur poulailler, trouver les animaux dont elles sont les hôtes. Conséquemment , il faut au compartiment qu'elles occupent une entrée spéciale. Enfin on doit prendre toutes les précautions nécessaires pour que le guano soit recueilli et conservé avec tous ses principes fertilisants.

On peut encore , toujours en ce qui concerne le chauffage du poulailler , placer dans une de ses parties, défendue des poules par un filet , un treillage ou tout autre obstacle du même genre , un tas de fumier venant des écuries, en ayant le soin d'arroser chaque couche de fumier d'un pied d'épaisseur , bien tassée avec un peu de purin , ou, à défaut , d'eau contenant en dissolution 750 grammes de sulfate de fer par mètre cube de fumier, puis en recouvrant de 3 à 4 centimètres d'épaisseur de terre chacune des couches. On obtient ainsi une fermentation lente qui donne de la chaleur pendant plusieurs mois. Quant au fumier, il est excellent , car il n'a pas été lavé par les pluies, et parce que la plus grande partie de ses principes organiques ont été fixés par le sulfate de fer et retenus par les terres; enfin le peu d'odeur qui se fait sentir dans le poulailler n'est pas désagréable, et les poules n'en sont nullement incommodées. Avant d'établir le tas de fumier, on doit entourer la place qu'il doit occuper d'un rebord en argile, et même garnir cette place aussi d'argile, si besoin est. Il faut enfin prendre toutes les précautions nécessaires pour que la surabondance du purin qui s'écoule du fumier non-seulement ne vienne pas couler sur le sol du poulailler, mais aussi ne lui communique aucune humidité. Lorsque le tas est achevé, on le perce horizontalement au rez du sol, et verticalement de 50 centimètres en 50 centimètres, avec un pieu qu'on tourne et qu'on appuie en tous sens avant de le retirer (ces trous verticaux sont les bouches de chaleur); puis on le garnit en dessus et sur les côtés d'une couche de balles sèches ou de paille, quelle qu'en soit la qualité, de 25 à 30 centimètres d'épaisseur, *sans tassement*, et on jette sur le tout le treillage ou autre obstacle rustique, clayonnage, perchettes maintenues par des traverses, etc., destiné à empêcher les poules de gratter. Les balles absorbent l'humidité qui s'élève du fumier sous forme de vapeur, et aussi les odeurs qui s'en échappent, et les poules ne manquent jamais, autant qu'on le leur permet, de se placer le jour sur cette source bienfaisante de chaleur. Les personnes qui n'ont pas de fumier d'écurie à leur disposition peuvent très-bien le remplacer par un tas de paille, bruyère ou autres substances végétales traitées par la méthode *Jauffret*.

III.

ACCESSOIRS DU POULAILLER.

Le poulailler est généralement partout placé dans la cour
de la ferme. Nous avons dit que cette disposition était la plus
défectueuse au point de vue de la production des œufs, des
poulets et du guano, et défectueuse aussi sous le rapport de
l'ordre et de l'économie qui doivent régner dans une exploitation. Avec le poulailler ayant son unique sortie sur la cour
d'une ferme de quelque importance, les poules sont sans cesse
exposées à une foule d'accidents : la dent des chiens, souvent
peu disposés, parce qu'on les y habitue, à les laisser approcher
de la cuisine; les pieds des animaux qui, en allant et en venant du travail ou du pâturage, blessent assez fréquemment
les volailles qui se trouvent sur leur passage ; la brutalité de
certains agents de l'exploitation qui, les rencontrant dans les
écuries ou autres lieux où elles ne devraient pas aller, les
blessent sous prétexte de les effrayer; enfin, la facilité, la
tentation offertes aux poules de dérober leurs œufs en effec-
tuant leur ponte dans les écuries, les hangars, les fenils, les
tas de paille, de fagots de bois, etc., où les œufs, nous l'avons

constaté, ne sont presque jamais retrouvés. Quant à l'élevage des poulets dans une cour de ferme, où il y a un va-et-vient continuel d'hommes, d'animaux et d'instruments, il faut l'avoir pratiqué pour savoir avec quelle facilité les poulets disparaissent, malgré tous les soins de la personne chargée de leur direction : les jeunes poussins se noient dans une chaudière ou autre vase, sont écrasés par les instruments ou par les animaux (nous avons vu des couvées entières détruites par le passage d'un troupeau de moutons effrayés), sont les victimes des autres volailles de la ferme, etc. Au point de vue de l'ordre et de l'économie, les inconvénients n'ont pas moins d'importance : les poules s'installent sur les fumiers, qu'elles détériorent, en facilitant par leur grattage la dispersion des gaz fertilisants ; s'introduisent dans les écuries, les fenils, les greniers, mêlent, bouleversent et salissent tout. La plupart des produits de la ferme, si on les laisse à leur portée, sont attaqués par elles ; enfin, au moment de la maturité des grains et des raisins, impossibilité absolue de les retenir, la porte de la cour d'une exploitation ne pouvant être constamment fermée. On est réduit à les enfermer dans le poulailler ; mais ordinairement, nous pourrions dire toujours, ce brusque changement de régime arrête complétement la ponte pendant l'époque de l'année qui lui est la plus favorable, et donne souvent naissance à des maladies épidémiques qui maltraitent fort le troupeau.

Si, entretenant un nombre de poules de quelque importance, l'on veut retirer d'elles les profits énormes qu'elles peuvent donner, il faut les placer dans les conditions les plus propres à développer leurs facultés productives, tout en se garant contre les déprédations auxquelles leur instinct les porte à se livrer. Nous devons cependant dire, en nous répétant, que les poules logées commodément et proprement, ayant toujours de la nourriture et de l'eau fraîche à leur disposition, ne font que fort peu de dégâts aux récoltes sur pied, tandis que les poules affamées de la généralité des fermes, poules encore traitées et conduites comme celles possédées par le premier homme qui ouvrit le premier sillon, les mettent à feu et à sang. Mais les mieux dirigées font néanmoins quelques dégâts, et les poulets sont presque aussi redoutables dans le premier cas que dans le second ; ce sont des vagabonds que le bien-être ne retient pas au logis. Comme tout ce qui arrive à la vie, il leur faut du mouvement, de l'espace, des aventures, et le grain de blé dérobé à l'épi debout paraît avoir pour eux une supériorité marquée sur ceux des boîtes du poulailler. Cela ne dure que quelques mois et cesse dès le début de la première ponte.

Il résulte des considérations que nous venons d'exposer qu'un poulailler de quelque importance ne doit pas ouvrir sur la cour de la ferme, mais bien sur un enclos spécial.

Chaque cultivateur prendra ce qu'il pourra dans ce qui va suivre ; le plus sera le mieux.

Pour être complet, le poulailler doit avoir une pièce consacrée aux couveuses et une autre où l'on dépose les œufs, les grains et autres substances, et où l'on prépare les pâtées. Dès que cette dernière pièce est adjacente au poulailler proprement dit, c'est là que doit être placé l'appareil destiné à chauffer tout l'ensemble, si l'on n'emploie pas l'un des procédés de chauffage économique que nous avons indiqués. Cette pièce peut être placée avec avantage entre le poulailler et la chambre aux couveuses, que nous décrirons plus loin, et qui se trouvera ainsi à une extrémité du bâtiment.

On peut aussi établir le poulailler ou logement des pondeuses au premier étage et utiliser le rez-de-chaussée en y établissant le couvoir, la cuisine, etc. Si on adopte cette dernière disposition, il faut placer des échelles très-inclinées, à barres rapprochées, qui permettent aux poules d'entrer et de sortir avec facilité. Le sol du pourtour du poulailler, accessible aux poules et très-fréquenté par elles, doit être garni de paille pour recevoir leur guano.

L'enclos du poulailler, placé autant que possible au midi, doit être partagé en deux parties principales : 1° le parc des pondeuses ; 2° celui des couveuses.

Le parc des pondeuses doit avoir plusieurs ouvertures sur les champs de l'exploitation, ouvertures que l'on ferme et que l'on ouvre à volonté ; il doit contenir en surface autant de fois 30 mètres carrés, *au moins*, qu'on entretient de pondeuses. Ce parc est avec avantage une fruiterie gazonnée ou, ce qui revient à peu près au même, un pâturage planté d'arbres et ayant quelques massifs à basse ou demi-tige. On peut aussi y cultiver des artichauts, des pommes de terre, des topinambours, etc. Ce lieu, par le guano qu'y déposent les poules, devient promptement le terrain le plus fertile de l'exploitation et donne en fruits des produits considérables. Chaque année, à la fin de l'été, on rompt un tiers du pâturage ou gazon garnissant le sol de l'enclos, pour l'ensemencer de nouveau en graines fourragères au printemps, ou mieux pour les arbres à l'automne suivant. Une partie du guano déposé par les poules sur le pré est de cette manière utilisé par les racines des arbres, qui profitent en même temps du guéret donné tous les ans au tiers du terrain ; et, d'un autre côté, on a constamment ainsi une prairie en plein rapport, ce qui n'aurait pas lieu en terrain sec, où la plupart des graminées s'épuisent vite ; enfin, les poules préfèrent toujours pâturer un gazon nouvellement établi. Le gazon-pâturage doit être ainsi composé, en mélange : 2|15 en luzerne, 1|15 minette, 2|15 sainfoin à deux coupes, 3|15 trèfle blanc, 1|15 chicorée sauvage, 2|15 brome de schradère, qui pousse l'hiver, 4|15 graminées diverses, principalement reygrass anglais. A défaut de ruisseau traversant l'enclos, on y place plusieurs baquets ou vases dont l'eau est chaque jour renouvelée.

Un hangar couvert de paille (la toiture la plus économique)

est établi le plus près possible du poulailler, dont il doit avoir la grandeur, ouvrant au sud, le fond et les côtés latéraux fermés; le quart du sol de ce hangar est garni de sable fin, autant que possible de couleur foncée, sur une épaisseur de 20 à 25 centimètres et retenu par un rebord en pierres ou en planches, sable où les poules vont se vautrer. Ce sable doit être renouvelé au moins une fois chaque année; il a une certaine valeur comme engrais. La partie antérieure du sol du hangar est, l'hiver surtout, où les poules restent relativement longtemps sous le hangar, recouverte de sable ou de paille, retenue aussi par un rebord. Cette paille, moins froide que le sol nu, et qui reçoit une partie du guano des poules, est changée une ou deux fois par an et forme, après fermentation, un excellent engrais. Ce hangar sert d'abri aux poules en temps de pluie; c'est aussi le lieu où elles vont, l'hiver, recevoir quelques rayons de soleil : pour ce motif, la toiture ne doit avoir qu'une seule pente, allant du sud au nord.

Abrité du nord par le poulailler et le hangar, à quelques mètres seulement de leurs façades, on entoure de palissades ou, ce qui vaut mieux, de treillages en fil de fer, qui n'interceptent pas les rayons solaires, un espace de terrain ayant en surface autant de fois 5 mètres carrés qu'on entretient de pondeuses. Ce terrain, soit un parallélogramme, s'étendant devant le logement des pondeuses et de leur hangar, est divisé en trois planches dans le sens de la largeur. La première, celle la plus rapprochée des façades du poulailler et du hangar, est chaque année, de bonne heure, ensemencée en froment, en mettant le double de la semence ordinairement confiée à la terre. On obtient ainsi, dès le mois de novembre, un gazon de froment (l'herbe préférée des poules) très-serré et très-fin. La seconde planche, de bonne heure aussi chaque année, est ensemencée en salades d'hiver mêlées de choux. Eufin, la troisième planche est utilisée par une plantation d'oseille. Chaque jour on livre la trentième partie du terrain aux pondeuses au moyen de deux filets mobiles limitant, perpendiculairement à la direction des planches, l'espace accordé, et des passages, pouvant s'ouvrir et se fermer à volonté, ménagés à la partie inférieure de toute la clôture faisant face au poulailler et au hangar. Au printemps, l'herbe de la prairie du parc étant poussée, on détruit successivement le gazon de froment et on le remplace aussitôt par des semis de salades, laitues romaines, chicorées, mélangées de quelques choux. On agit ainsi à l'égard des planches de salades d'hiver, qui sont remplacées par des salades d'été. On renouvelle ces semis autant de fois que besoin est, et à la fin de l'été on recommence à semer du froment et des salades d'hiver. Inutile d'ajouter qu'à chaque ensemencement le guano de poule ne doit pas être ménagé et que l'oseille doit, elle-aussi, être abondamment fumée. Nous reviendrons sur l'utilité de ce pâturage.

Le parc des couveuses doit être divisé en deux parties. La première partie, destinée à recevoir tous les jeunes poulets et leur mère, correspond au compartiment du poulailler où se trouvent les couveuses et doit être plantée d'arbres fruitiers ou autres. Quelques mûriers y sont utiles, ainsi que dans le parc des pondeuses : les poules sont avides de mûres. Cette portion du parc des couveuses doit être partagée en autant de parties ou petits parcs par des treillages en fil de fer, en ficelle, ou des cloisons en planches, mais donnant le moins d'ombre possible, cloisons devant toutes aboutir, comme les rayons d'un cercle, à la petite cour ou corridor qui doit régner au moins devant la façade du couvoir; cette portion du parc des couveuses doit être divisée, disons-nous, en autant de petits parcs qu'on veut élever de fois 15 ou 16 poulets. Par exemple, si l'on élève 400 poulets de première saison, la portion du parc des couveuses qui nous occupe doit être partagée en 25 petits parcs ayant chacun une surface d'au moins cent mètres carrés ; il ne faut pas regretter l'espace, qui est une condition de succès. Le terrain, d'ailleurs, nous le répétons, doit être planté en arbres qui fournissent un haut produit. En donnant à chaque petit parc un espace plus considérable, 8 à 10 ares par exemple, les séparations deviennent inutiles si on ne fait couver qu'une seule fois par an. Chaque jour on porte, comme il sera expliqué, et plus tard on dirige les mères suivies de leurs poulets chacune dans l'un des petits parcs, dont le sol est divisé en plusieurs parties non séparées, alternativement ensemencées en gazon, oseille, salades, etc., exclusivement destinés à la nourriture des petits poulets. On y cultive aussi avec avantage de grands choux, des asperges, des artichauts et autres plantes pour la vente ou le service de la maison ; ces plantes procurent aux poussins l'ombre et les insectes dont ils ont besoin. Tenter d'élever un nombre de poulets de quelque importance par les procédés habituellement usités dans les fermes est une impossibilité contre laquelle nous avons longtemps et vainement lutté. La seconde partie du parc des couveuses doit être la répétition du parc des pondeuses. C'est dans cette partie que sont placés les poulets lorsqu'ils peuvent se passer des soins de leur mère. Sa grandeur doit être proportionnelle au nombre qu'il doit contenir ; seize mètres carrés de surface par tête ne sont pas de trop. Ce parc a une issue sur la cour du couvoir ; il est parfois utile de le diviser en deux ou trois parties destinées, chacune, à recevoir des poulets de même âge ou de même force, et ayant chacune une issue particulière, qui permet aux jeunes sujets d'aller et de venir de leur parc dans la partie du couvoir transformée en poulailler, qui leur est affectée. Mais si on ne fait couver qu'une fois par an, ce qui est préférable et beaucoup plus que suffisant pour remplacer les pondeuses réformées, ces dernières cloisons deviennent superflues. Lorsque la première partie du parc des couveuses n'est plus occupée, on enlève toutes les séparations, on en fait communiquer tous les compartiments les uns avec les autres par des ouvertures mé-

nagées dans ce but, si les cloisons sont à demeure, et le parc
des poulets forts se trouve presque doublé en surface. C'est
dans ce parc, qui doit avoir accès sur les champs de l'exploitation, mais, autant que possible, du côté opposé à celui des
pondeuses, que restent les poulets jusqu'au jour où les jeunes
coqs et les jeunes poulettes de choix sont réunis aux pondeuses, et les autres portés successivement au marché. Pendant ce temps tout ou partie du couvoir sert de logement, de
poulailler aux poulets. Nous reviendrons sur ce sujet.

A l'endroit de la clôture où se trouvent les ouvertures destinées à donner, quand on le veut, accès aux poulets sur la
campagne, le mur ou la grille doit avoir une forme, une couleur, une marque quelconque très-apparente, afin de signaler,
du dehors surtout, ces ouvertures aux poulets. Il doit en être
ainsi des ouvertures du parc des poules pondeuses ; mais le
signe des passages doit complétement différer de celui qui distingue les passages des parcs des poulets.

Quant à la nature du sol de l'enclos général, léger et très-
perméable est la meilleure qualité. Si le terrain est trop
humide, selon la cause de cette humidité il faut le drainer ou
l'amender avec des éléments calcaires. En cela, comme en
bien autre chose , chaque cultivateur fera ce qu'il pourra.
Journellement aux prises avec les difficultés qu'offre la pratique de l'agriculture sérieuse, nous savons trop combien
il est parfois difficile de faire ce qu'on sait être bon et profitable ; néanmoins il ne faut cesser de tendre au but , on y
arrive ainsi à la fin presque toujours.

Peut-on entretenir avec profit des pondeuses et élever suffisamment pour remplacer les poules à réformer dans des
parcs comme ceux que nous venons de décrire et sans fournir
aux volailles un plus grand parcours ? Sans nul doute. Nous
savons qu'on a prétendu le contraire, mais cette opinion est
une erreur complète. Assurément on ne peut entretenir avec
bénéfice des volailles dans une chambre ou n'ayant pour

toute promenade qu'une cour de même grandeur que le poulailler, par exemple, bien que cela ait été aussi avancé , parce que, privé d'espace, le troupeau devient plus ou moins la proie de toutes sortes de maladies ; mais, en donnant à l'enclos, selon le nombre de têtes, une grandeur proportionnelle à celle que nous avons indiquée, nul obstacle, encore une fois, à entretenir et à élever des pondeuses avec un profit qui n'est que peu au-dessous de celui que donnent les volailles libres de se répandre au dehors de l'enclos.

Les poules largement nourries ne cherchent pas, même contenues dans un enclos restreint, à en franchir la clôture si elle a deux mètres de hauteur. On peut d'ailleurs toujours mettre les poules dans l'impossibilité de voler, tous les cultivateurs le savent, en rompant ou même en amputant, avec un fer tranchant rougi au feu, le premier fouet de l'une des ailes.

IV.

LE POULAILLER AMBULANT.

Il y a quelques dizaines d'années, un cultivateur, un spé-
culateur de Picardie, eut, dit-on, l'idée d'établir sur une vieille
charrette une sorte de maisonnette en planches et en paille,
d'y installer des poules, et d'aller pendant la belle saison par-
courir la campagne, faisant stationner son poulailler là où ses
poules ne pouvaient faire aucun dégât. Nous ne savons quel
succès eut l'entreprise ; mais l'idée était heureuse et a été
reprise dans ces dernières années par diverses personnes ,
entre autres par M. Giot aîné, cultivateur à Chevry-Cossigny
(Seine-et-Marne), qui a fait connaître dans une brochure ce
nouveau mode d'entretien des poules.

Le poulailler ambulant de M. Giot, dont nous prenons la
description dans sa brochure, a 6 mètres 20 centimètres de
longueur sur 2 mètres de largeur et 2 mètres de hauteur. Le
devant du poulailler, séparé du corps par une cloison avec
porte et fenêtre, prend 1 mètre 20 centimètres sur la longueur et sert de chambre à coucher au gardien , ainsi que
d'emplacement. sous le lit, pour les paniers à œufs, les seaux.

pelles, balais et la première nourriture des poussins. Les cinq
mètres restant forment le corps du poulailler, destiné à abriter 400 poules et coqs et de 1,200 à 1,500 élèves, avec porte
au bout à l'instar des omnibus, escalier, chemin au milieu ,
juchoir à droite et à gauche, et au dessus trois rangs de cases
également à droite et à gauche : le premier rang devant servir
le plus souvent aux poussins, le second rang aux couveuses et
le troisième aux pondeuses.

Le prix de ce poulailler ambulant est fixé à 1,100 francs :
mais nous devons dire qu'on peut établir partout à bien
meilleur marché un poulailler ambulant en se servant d'une
vieille charrette, comme a fait l'inventeur, qu'on se procure
d'une grandeur proportionnelle au nombre de poules qu'on y
veut loger. Le poulailler établi sur la charrette doit se développer en avant, en arrière et au-dessus des roues, et avoir dans
ces parties-là deux mètres de longueur. Les juchoirs, munis
de leurs réceptacles à guano , sont établis à droite et à gauche
à 50 centimètres au-dessous de la toiture. Les pondoirs sont
placés, sur un ou plusieurs rangs, le long des parois latérales
du poulailler, au-dessous du réceptacle à guano ; enfin , si
l'on juge à propos d'y faire coucher un gardien , il faut ménager à l'avant le petit cabinet indiqué dans la brochure que
nous venons de citer. Au-dessous du poulailler peut être suspendue une boîte où se couche le chien de garde, si on croit
sa présence utile. Le tout doit être construit en bois mince et
léger; la partie supérieure, en forme de toiture, est recouverte
de carton bitumé , de zinc ou simplement de paille de seigle.

Dans le poulailler ambulant économique dont nous donnons
à grands traits la description , une partie des pondoirs peut
servir aux couveuses, et les plus rapprochés du plancher aux
jeunes poulets, pendant le temps où ils s'abritent sous leur
mère. Pour isoler les couveuses et les soustraire aux importu-
nités des pondeuses, on attache à la partie supérieure des
cases qu'elles occupent des morceaux de vieille toile. Le des-

sous du poulailler, entouré de panneaux mobiles en treillage, en filets , en clayonnage ou en volige, peut servir de cour aux tout jeunes poussins, comme il sera expliqué.

Nous devons cependant dire que nous ne sommes pas partisan des couvées, des éclosions et de l'élevage des poulets dans le poulailler ambulant : trop de soins sont nécessaires aux poussins nouvellement éclos et aussi à ceux qui ne le sont que depuis quelques semaines. Il est bien plus sage de rentrer à la ferme, au fur et à mesure, les poules qui se préparent à couver : là elles trouvent, ainsi que leur famille, des attentions qui ne doivent pas être ménagées.

Le poulailler ambulant doit principalement être utilisé par les poules pondeuses et les poulets déjà forts, que l'on y porte lorsqu'ils commencent à se placer sur le juchoir à côté de leur mère. Cette dernière, qui connaît le poulailler ambulant, lequel doit être peint en couleur éclatante, pour être mieux vu de loin par les volailles, y habitue vite ses enfants. On doit les y installer un soir et, si on le juge nécessaire, établir, pour un jour seulement, poules et poulets sous une mue, près la porte du poulailler, où ils voient aller et venir les volailles avec lesquelles ils sont destinés à faire la campagne. Il n'en faut pas davantage. Après une journée passée ainsi, la mère et les poulets prennent le plus souvent d'eux-mêmes le chemin de l'échelle ou de l'escalier qui conduit au poulailler, et pour ne plus l'oublier.

Nous l'avons dit , le poulailler ambulant est une heureuse idée. Tous les animaux de la ferme sont conduits aux champs, où ils consomment un produit qui pourrait souvent devenir fauchable et être réalisé en nature ; souvent aussi le pâturage est créé auprès, et cela ne se fait pas sans frais. Pour les poules, auxquelles on peut donner de l'espace, cette création n'est pas nécessaire. Prés naturels et artificiels, blés en herbes, vignes, guérets, friches, etc., tout leur est bon. Tout cela , la belle saison venue, fourmille de mille espèces d'insectes, de vers ,

de limaces, nourriture par excellence des poules. Enfin, après
la moisson que de grains perdus! que d'épis échappés aux
glaneuses et aux moutons! les poules ramassent tout. Avec le
poulailler ambulant, la ponte est abondante pendant toute la
belle saison, c'est-à-dire pendant la moitié de l'année ; et non-
seulement les poules ne coûtent ainsi rien à nourrir, mais
elles utilisent une foule de graines qui germeraient et dévoreraient la terre et une foule d'insectes et autres parasites qui
dévoreraient les récoltes. Ajoutons que nous ne connaissons
que la poule capable de débarrasser régulièrement et sûre-
ment le cultivateur des ennemis que nous venons de citer,
et qu'elle transforme immédiatement en produits, viande et
œufs, très-recherchés et en guano d'une grande richesse.

Nous ne croyons pas devoir insister plus longuement sur
les avantages que présente le poulailler ambulant, ils sont
trop évidents, et nous engageons tout cultivateur dont l'exploitation est assez considérable à utiliser ce mode d'entretien
des poules. Le parcours d'un hectare suffit, en moyenne, pendant toute la belle saison, à fournir à la nourriture de 3 à
4 poules. Les cultivateurs peuvent aussi s'entendre avec leurs
voisins et obtenir l'autorisation de conduire, en temps opportun, leur poulailler sur les terres cultivées ou non.

Quant aux frais du poulailler ambulant, si le pays est assez
sûr pour qu'on puisse se dispenser d'y faire coucher un
homme toutes les nuits, ils sont insignifiants. Il suffit d'aller
tous les matins ouvrir le passage des poules, en leur portant
de l'eau, et, tous les soirs, d'aller le fermer et enlever les œufs
pondus pendant le jour. On peut laisser dans le poulailler un
chien dont on allonge la chaîne tous les soirs. Dans ce cas, le
poulailler doit être entouré d'une cloison légère, mais assez
élevée, et qui, par sa disposition, permette au chien de défendre toutes les parties de l'objet confié à sa garde.

L'époque des semailles d'automne venue, l'hiver est proche, la nourriture gratis devient de jour en jour moins abon-

dante : on rentre les volailles au poulailler de la ferme, et on remise le poulailler ambulant, pour l'utiliser de nouveau au mois d'avril ou au mois de mai suivant.

Lorsque le poulailler ambulant est au champ, il doit être fréquemment changé de place : plus souvent si les habitants sont nombreux, plus rarement dans le cas contraire. On l'avance de 100 à 200 mètres chaque fois. On se sert pour cela d'un cheval ou de toute autre bête de trait. M. Giot emploie, dit-il, un cabestan.

On peut aussi rentrer chaque soir le poulailler à la ferme et le conduire aux champs tous les matins.

A moins d'avoir une personne qui ne quitte le poulailler ambulant ni jour ni nuit, ce qui, quoi qu'on en dise, diminue considérablement le profit, il ne faut sérieusement pas songer à y faire couver et à y entretenir de tout jeunes poussins. Ses habitants ne peuvent être que des pondeuses ou de forts poulets. Les unes et les autres sont vite habitués aux mouvements du véhicule, et, les premiers jours de surprise passés, on n'entend plus les cris et les chutes du début. Rentrer chaque soir le poulailler est certainement plus prudent que de l'abandonner la nuit au milieu des champs, et bien moins coûteux que d'y faire coucher un agent, qu'on ne trouve pas, d'ailleurs, toujours disposé à ce genre de vie, et qu'en tout cas il faut payer en conséquence. Puisqu'on est dans la nécessité d'aller tous les matins porter de l'eau et ouvrir le poulailler, et tous les soirs lever les œufs et le fermer, autant se faire accompagner d'un cheval ou d'un âne et ramener le poulailler pour le reconduire le lendemain matin avec la provision d'eau. Ce système offre l'avantage de pouvoir, si on le juge nécessaire, changer le poulailler non-seulement de place, mais de champ, résultat obtenu ainsi plus simplement et à moindre frais qu'avec un cabestan, dont le transport et la manœuvre dans un terrain accidenté ou coupé de haies ou de murailles peuvent offrir des difficultés insurmontables.

On peut, très-économiquement et très-fructueusement, établir un ou plusieurs poulaillers ambulants de 40 à 50 pondeuses sur de petites charrettes à bras, qu'un homme peut facilement rouler sans le secours d'une bête de trait.

Au début, pour habituer les volailles à leur logement champêtre, on l'entoure, nous l'avons dit, d'un filet ou d'un treillage, de manière qu'elles puissent descendre par l'escalier et se placer dessous le poulailler et autour, et on leur distribue de la nourriture une couple de fois par jour, en les appelant et en accompagnant l'appel de quelques coups de sifflet. On agit ainsi pendant trois ou quatre jours. Le dernier jour, on se borne à siffler au moment de la distribution. Pendant ce noviciat, on force chaque soir les volailles à monter dans le poulailler par l'escalier. Dès que les poules rentrent d'elles-mêmes, résultat vite obtenu, on les laisse libre en leur donnant pendant quelques jours encore de la nourriture, distribution toujours précédée de quelques coups de sifflet. Enfin, tous les soirs, avant de ramener le poulailler des champs où il a stationné, on siffle pour avertir du départ les poules qui pourraient ne pas être encore rentrées.

Il est encore un très-économique moyen de faire paître, c'est-à-dire de nourrir sans qu'il en coûte rien, non des poules pondeuses, mais des poulets : c'est d'en confier la direction à des dindes, qui se laissent facilement conduire aux champs, ce qu'on n'a jamais encore pu obtenir des poules. Arrivées sur le terrain qui doit être parcouru, si les dindes mères ou conductrices sont nombreuses, on les garde et on les rentre quelques heures après à la ferme, où elles se désaltèrent, et reçoivent, ainsi que les poulets, si cela est nécessaire, un supplément de nourriture, pour les sortir de nouveau dans l'après-midi. Si on n'a que deux ou trois dindes, on attache chacune d'elles par une patte à un pieu, au moyen d'une petite chaînette longue de 1 à 2 mètres et prolongée par une ficelle de 5 à 6 mètres, et on fiche en terre, au milieu

des dindes, qui doivent être éloignées les unes des autres de
30 à 40 mètres, une perche surmontée d'un lambeau d'é·
toffe, qui devient promptement un signe de ralliement pour
les poulets, en même temps qu'un épouvantail pour les renards et autres animaux carnassiers. On met, de plus, une
clochette au cou de chaque dinde. On vient chercher dindes
et poulets, en les appelant, lorsque la matinée est avancée, et
on les retourne aux champs dans l'après-midi. 3 dindes peuvent ainsi mener paître 150 poulets.

De nouveau, nous nous occuperons de ce sujet au chapitre
traitant de l'élevage des poulets.

V.

LES RACES DE POULES.

On croit généralement que nos poules sont originaires des forêts de l'Inde, où l'on trouve encore ce volatile vivant à l'état sauvage.

La poule s'est modifiée dans sa forme, son plumage, son poids, son aptitude à la ponte et à l'engraissement, selon les contrées où elle vit, la température, le sol, la nourriture, etc. De là cette longue liste de races et de variétés, presque toujours excellentes là où elles se sont formées, et souvent détestables partout ailleurs ; de là aussi les nombreux mécomptes éprouvés par les importateurs. Il ne suffit pas, en effet, de se procurer, parfois à très-hauts prix, des œufs de volailles ou des volailles dont on a lu ou entendu vanter les qualités ; il faut pouvoir placer ces étrangères dans les conditions où elles étaient là où leur race a pris naissance, ce qui n'est pas toujours facile, et quelquefois entièrement impossible. Aussi conseillons-nous aux cultivateurs de peupler leurs poulaillers avec la race du pays où ils se trouvent, c'est le plus prudent. Si cependant cette race était une race à viande, et que le cultivateur préférât une race pondeuse, nous n'en connaissons pas de meilleure que la race commune. Les poules communes, soumises pendant quelques générations à un bon régime, deviennent les poules par excellence : chair exquise, ponte abondante, œufs proportionnellement plus gros et plus lourds, précocité, santé parfaite, facile à nourrir, pourvoyant elle-même à ses besoins si on l'oublie ou si la nourriture qu'on lui distribue est insuffisante, la poule commune a tout cela. Elle réunit, elle si méconnue, si peu appréciée à sa valeur, toutes les qualités éparses chez ses rivales.

Il y a quelques années, un véritable engoûment s'est déclaré parmi nous pour les races exotiques. C'était la mode. Dieu merci ! cette mode est passée, et nous sommes portés à croire, d'après les résultats obtenus, qu'elle ne reviendra pas de sitôt. Que l'amateur riche et qui a des loisirs se livre à des études, à des comparaisons entre les diverses races de poules, c'est un passe-temps agréable et qui a son côté utile ; mais c'est une occupation qui ne peut convenir au véritable cultivateur, obligé, lui, de produire avec bénéfice. En voyant certaines volailles vendues des milliers de francs et des œufs à des prix analogues, on pouvait se croire au beau temps des tulipes. A un certain moment, lorsque la crinoline n'était qu'à son début, que le beau sexe ne se coiffait pas encore d'un brin de paille et que le faux chignon n'était pas né, on vit tout à coup, en France et ailleurs, les femmes oisives s'éprendre d'une belle passion pour les volailles étrangères. Le vent soufflait, du reste, aux importations et au croisement. Le durham était à l'apogée de sa gloire ; les masses de graisse insipide créées par l'Angleterre, sous prétexte de porcs, et dont la consommation ne convient que sous le climat humide des îles Britanniques ou sous celui glacé du Groënland, faisaient pâmer d'admiration ceux qui n'étaient pas condamnés à les manger. Cela dure encore, mais sévit avec moins d'intensité. Les protestations se multiplient, et on finira

par revenir à la vérité. Les femmes riches et oisives, avons-
nous dit, eurent toutes leur grande et leur petite basse-cour.
On serait tenté de croire que la mode fut lancée par quelques
industriels ayant besoin de se défaire de leurs produits : quelle
consommation ne fit-on pas, pendant plusieurs années ,
d'œufs, de volailles, de carton bitumé pour couvrir les poulaillers et de treillage pour séparer les espèces? On se faisait
des cadeaux, on échangeait les œufs et les sujets, c'était char-
mant; mais ce qui le fut moins, ce fut l'affreux désordre qui
résulta de l'introduction dans nos fermes de coqs et de
poules de tous les pays, de toutes les tailles, de tous les carac-
tères, de toutes les aptitudes. Les fermiers n'en voulaient
pas : cette fois-là, la prévention du campagnard contre le nouveau était juste ; mais *leur dame* leur en faisait cadeau.
Dans les fermes où les bonnes volailles trouvèrent un milieu
se rapprochant de celui où leur race s'était faite, elles prospé-
rèrent et donnèrent, ainsi que les croisements, de bons résultats; mais ce fut l'exception, et il faut qu'on sache que les
neuf dixièmes des sujets distribués étaient au-dessous de notre
poule commune. Le bon sens et la pratique firent enfin justice de la mode, et presque tout le monde revint à la raison.
On reconnut que les différentes espèces de poules (il en est
ainsi des autres animaux) sont le résultat des influences du
climat, du sol, des soins , du genre et de l'abondance de la
nourriture qu'offre chaque contrée, et que, pour améliorer
une basse-cour, il ne suffisait pas d'y introduire des sujets,
fussent-ils excellents dans leur pays, mais qu'il fallait de toute
nécessité mettre ces sujets et leurs produits à peu près dans
les mêmes conditions où vivait la race qui les avait fournis.
Malheureusement les suites du désordre durent encore, et,
quand nous voyons l'épidémie sévir autour de nous et notre
troupeau de pondeuses de race commune se maintenir toujours en santé parfaite et dans les meilleures conditions de
prospérité, nous sommes portés à croire que les croisements,

aussi insensés que bizarres, d'où proviennent les poules de nos voisins, ne sont peut-être pas étrangers à la mortalité dont ils se plaignent. Puissions-nous ne pas voir un jour nos bonnes et belles races de gros animaux, qui ne demandent qu'un choix judicieux dans les reproducteurs, des soins et de la bonne et abondante nourriture, pour surpasser toutes les races étrangères dont nous sommes encore plus ou moins coiffés, ne pas payer, elles aussi, bien cher leur prétendue amélioration par croisements, souvent intempestifs, avec des sujets exotiques !

A propos du choix à faire parmi les diverses espèces de poules lorsqu'on veut peupler un poulailler de *production*, nous ne pouvons nous empêcher de dire quelques mots du livre souvent cité de Prudent de Choyselat, procureur du roi et de la reine à Sézanne (Marne), livre ayant pour titre : *Discours économique sur les poules*, et écrit à la fin du XVIᵉ siècle. Ce livre, dédié au comte de Rochefort, était adressé à un de ses amis ruiné ; Choyselat lui montrait qu'avec une mise de fonds de *cinq cents livres il pouvoit se faire un revenu annuel de* QUATRE MILLE CINQ CENTS LIVRES, en se livrant à l'entretien des poules. L'auteur dit à son ami, dans le langage et le style du temps :

« Mais puisque fortune t'a tourné visage (comme elle est coutumière quand le temps s'accorde avec elle), tu dois la retirer et ne la laisser séjourner avec toi en ce même regard ; doncques il te fault oublier tes pertes passées, et penser d'un gaing futur auquel tu parviendras aisément avec cette petite somme, si tu l'employes comme te donnerai avertissement.

» Et afin de ne faire plus long propos, advise à colloquer ta somme en achapt de poulles, non pas mélégarides, que Bellon, en ses *Pérégrinations*, a voulu dire être nos poulles indiennes, qui sont vrays greniers à avoyne, mais de *poulles communes du pays*, et y négocie par la fortune cy après escrite et ne sois si impatient que tu n'attendes le période. »

L'auteur termine ainsi :

« Estime, cher ami, que le magnifique *Mégret* ou autre al-
chimiste n'a jamais mieux tiré avec ses fourneaux ou alam-
bicqs la pierre philosophale, que tu feras du ventre de tes
poulles, si tu y veux conjoindre le plaisir avec la peine.

» Or doncques, pour la fin du compte, tu en recueilleras
le moyen de fuyr par honneste exercice pauvreté, ennemye
des bonnes mœurs; fais un usage frugal des choses que tu
auras acquises par labeur, et tu t'attireras une réputation
non vulgaire, qui sera espandue par toute la France pour la
nouveauté de ton entreprise, voire jusqu'à faire rire les
Catons et exciter la rate de Démocrite. »

L'ami de Choyselat suivit ses conseils et refit sa fortune.

Le livre de Prudent de Choyselat nous prouve :

1° Que dès le temps du procureur de Sézanne on avait
tenté l'introduction de poules exotiques, et qu'on avait alors,
comme récemment, constaté leur infériorité, comparées à nos
poules communes;

2° Que les poules étaient alors, comme à présent, ce qu'on
verra bientôt, un moyen de faire de gros bénéfices avec une
une faible mise de fonds.

VI.

DES ŒUFS.

De leur production, de leur conservation, etc.

L'œuf est l'un des mets à la fois les plus nourrissants et les plus légers. Ses qualités nutritives lui donnent rang immédiatement après la viande. Les œufs ne servent pas seulement à la nourriture de tous, riches et pauvres ; ils sont aussi employés par quantités considérables dans les arts et l'industrie. Leur production en France se chiffre par milliards, et leur exportation par centaines de millions. Cette production a doublé depuis peu d'années, et les prix, loin de décroître, n'ont fait qu'augmenter. Dans l'état présent des choses, nous ne pouvons satisfaire ni à nos besoins culinaires et industriels, qui grandissent chaque jour, ni aux demandes toujours croissantes que nous adresse l'étranger.

Grosseur des œufs.

La grosseur de l'œuf semble croître avec l'âge de la poule.

Les œufs des poulettes sont les plus petits et ceux des vieilles poules, pondant peu ordinairement, les plus gros. La grosseur des œufs paraît souffrir de l'abondance de la ponte, loin d'en suivre la proportion. Anciennement, les poules de race commune donnaient annuellement, a-t-on écrit, 50 œufs du poids moyen de 45 grammes. Or, nos poules, race commune améliorée, nous donnent, pendant les trois années de leur plus grande fécondité, trois fois plus d'œufs ; mais le poids, 61 grammes 1/2, n'a augmenté que d'un tiers.

Sur les marchés, les œufs vendus comme gros pèsent, en moyenne, 67 grammes ; les ordinaires, 61 grammes, et les petits, 55 grammes. Exceptionnellement, nous obtenons des œufs de 115 et même de 125 grammes. Ces œufs ont deux jaunes.

Production des œufs.

La production des œufs a devant elle le plus large avenir. Elle est l'une des plus riches et des plus rémunératrices industries de la ferme, ce dont à la ferme même on ne se doute pas toujours, et, dans la généralité des localités, elle doit être le principal objet de l'entretien des poules. Mais la production des œufs est-elle chez la poule illimitée ? Les uns soutiennent que les ovules, origine de tous les œufs que pond une poule durant sa vie, naissent avec elle et que leur nombre ne peut être augmenté par le régime auquel elle est soumise ; les autres prétendent que les ovules naissent, se développent et et se transforment en œufs, selon les conditions plus ou moins favorables à la ponte où se trouve la poule. Où est la vérité ? Nous l'ignorons, bien que le résultat de nos observations nous porte à nous ranger à la dernière opinion. L'essentiel pour le cultivateur est de savoir à quelle phase de l'existence du précieux volatile qui nous occupe, la ponte, à conditions favorables égales, est la plus abondante. Sur ce point, on est à peu près d'accord pour placer la plus grande

fécondité de la poule du commencement de la deuxième
année à la fin de la quatrième; mais on n'est pas du tout
d'accord sur le nombre d'œufs que pond une poule dans cet
espace de temps, et nous ne craignons pas d'avouer qu'on ne
le saura jamais. L'espèce et la variété, son état d'amélioration par elle-même ou par croisement, le logement, les soins,
le genre et l'abondance de la nourriture, peuvent causer chez
la poule des différences énormes dans la production des œufs.
Dans l'entretien ordinaire, on cite des chiffres de 80, 120,
150, 180 œufs par an.

Nos poules, race commune améliorée, qui ont toujours à
discrétion la nourriture la plus substantielle, qui ne sont pas,
pendant la belle saison, gênées dans leur parcours, et dont
l'habitation est chauffée l'hiver, ce qui produit une augmentation de 20 à 35 œufs, nous donnent, en moyenne, du
commencement de la deuxième année à la fin de la quatrième,
400 œufs, soit 133 œufs par année. Le produit de la troisième
année est, en général, le plus élevé, et celui de la quatrième
le plus bas; mais il y a de très-nombreuses exceptions. La
cinquième année, le produit baisse d'une manière sensible,
et, la sixième année, il est quelquefois à peine suffisant pour
payer la nourriture, bien que la poule consomme moins
alors. Mais là encore il y a plus d'une exception. La première année de leur naissance, nos poulettes nous donnent
de 25 à 50 œufs.

La poule qui a dépassé l'âge de l'activité de la ponte ne
consomme pas autant de nourriture qu'à l'époque où son
produit en œufs était le plus élevé, mais elle consomme cependant au delà de ce qu'on est convenu d'appeler la ration
d'entretien. Que devient donc cette nourriture? de la chair,
de la graisse. Ayant dépassé l'âge surtout consacré à la propagation de la race, c'est-à-dire à la ponte, toute nourriture
excédant la ration d'entretien va tourner en chair et en
graisse, ce qui n'avait pas lieu lorsque la poule était dans

l'âge de la reproduction. Tout excédant de nourriture tournait alors à la reproduction. Il en est ainsi chez tous les animaux. Aussi chez un grand nombre annihile-t-on l'influence des organes reproducteurs, ce qui en fait des vieillards anticipés, des êtres qui n'éprouvent plus d'autres besoins que ceux de la nourriture et du sommeil, et chez lesquels tout excédant de ration doit nécessairement concourir à l'accroissement de la masse.

La ponte étant plus abondante chez les poules de un à quatre ans qu'après cet âge, le cultivateur doit mettre à profit cette indication et s'arranger de manière à connaître exactement l'âge de ses poules. Si on ne les entretient pas sur une échelle assez vaste pour que chaque âge de pondeuses ait un poulailler, un parc ou un terrain de parcours spécial, il est un moyen, qui n'est pas neuf, aussi simple que facile à pratiquer, qui consiste à couper à toutes les poulettes de la même année l'extrémité d'un doigt de l'une des pattes, celle de droite par exemple. L'année suivante, on coupe aux poulettes de cette année-là l'extrémité du même doigt de la patte gauche; la troisième année, l'extrémité d'un autre doigt de la patte droite, et la quatrième année l'extrémité du même doigt de la patte gauche. Chaque poule n'a ainsi qu'un seul doigt de coupé. Les volailles ne souffrent nullement de cette petite opération, et nous garantissons que cela ne les empêche pas de gratter.

Maintenant, y a-t-il des signes infaillibles auxquels on puisse reconnaître les bonnes pondeuses? Peut-être, mais nous n'osons l'affirmer; malgré tout ce qui a été dit et écrit à ce sujet, il n'y a encore rien de bien positif, les exceptions sont trop nombreuses. Tout ce qu'il y a de certain, c'est que la crête de la poule prête à pondre est d'un rouge vif, et celle de la poule qui pond d'un rouge plus ardent. Ceci ne nous mène pas bien loin, mais on peut, avec assez de certitude, préjuger par la ponte de la première année d'une poule ce que seront les pontes des années suivantes. Malheureusement, lorsqu'on entretient un certain nombre de poules, les observations nécessaires sont difficiles, sinon impossibles à faire.

Au milieu de toutes ces difficultés, voici ce que nous faisons et ce que nous conseillons de faire, le procédé nous ayant donné et nous donnant toujours de bons résultats :

On réunit dans un petit poulailler, ouvrant sur un enclos où ne peuvent pénétrer les autres volailles, ou bien dans une dépendance de l'exploitation, mais assez éloignée de cette dernière pour que les poules et les coqs de l'une et de l'autre ne puissent voisiner, un nombre de bonnes pondeuses, proportionnel à la quantité de poules qu'on entretient à la ferme, une pour dix, qu'on se procure soit à prix d'argent, en prenant les poules à l'essai et sous condition, soit en se donnant la peine, une fois pour toutes, d'observer, pendant quelques mois, les poules que l'on possède déjà et d'en choisir les plus fécondes. On donne à cette réunion un coq de choix par sept à huit poules. Les œufs pondus par cette troupe d'élite sont donnés aux couveuses de la ferme. On ne fait ainsi couver que des œufs d'excellentes pondeuses, qui donnent naissance à des sujets presque toujours supérieurs. Le grand poulailler est de cette manière à peu près exclusivement peuplé de bonnes pondeuses. La pépinière une fois créée, il ne faut pas la négliger : on doit en éliminer les sujets qui ne répondent pas aux espérances qu'ils avaient d'abord données et y introduire ceux chez lesquels on a pu constater des qualités remarquables de fécondité. Mais le cultivateur n'oubliera pas que les poules du petit poulailler doivent recevoir les mêmes soins et la même nourriture que celles de l'exploitation. S'il en était autrement, si, par exemple, la nourriture était moins abondante ou moins substantielle, la race se détériorerait ; si la nourriture était supérieure, la taille des volailles et la production des œufs pourraient augmenter ; mais les poules leurs filles, placées dans le grand poulailler, où le régime serait moins favorable, ne donneraient que les plus chétifs résultats.

Question d'alimentation et de température à part, peut-on avancer ou retarder la ponte?

Se basant sur ce fait que la mue interrompt la ponte, parce que, outre la souffrance qu'éprouve l'oiseau, toutes ses forces vitales sont alors employées à produire de nouvelles plumes, et considérant que le prix des œufs est toujours plus élevé l'hiver que l'été, on a proposé de provoquer le renouvellement des plumes quelques mois plus tôt qu'il n'a naturellement lieu, pour qu'au début de l'hiver les poules, étant remplumées, pussent commencer à pondre, ce qu'elles ne font ordinairement qu'en janvier ou février, et parfois encore plus tard. Le moyen peut être bon, mais nous lui trouvons quelques inconvénients. D'abord cet arrachage des plumes vives serait pour la poule une aggravation de souffrance qui se traduirait par un retard à l'état emplumé, c'est-à-dire à l'état propre à la ponte; puis la souffrance nous semble devoir être si vive, que la mort ou une longue période maladive pourrait s'ensuivre. En effet, on plume bien les oies mais on leur ôte un duvet qui n'adhère plus à la peau, tombe de lui-même, et on se garde bien d'arracher les plumes des ailes et de la queue, qui ne sont pas dans le même cas. Dans le centre de la France, la chute des plumes des poules a surtout lieu en septembre et octobre, et celles qui les remplacent n'ont acquis tout leur développement qu'en janvier. Pour que le remplumage fût complet fin octobre, il faudrait plumer les poules à la fin de juin, à une époque où les plumes sont encore vives, amenant du sang à leur racine. Ici, pour que l'opération fût complète, on ne pourrait se borner à enlever les plumes du corps; il faudrait aussi tirer celles des ailes et de la queue, et ce sont ces plumes dont l'arrachage serait le plus douloureux. Il nous semble voir le triste spectacle qu'offrirait un troupeau de poules vivantes prêtes à mettre à la broche. Serait-il possible de laisser sortir du poulailler de pauvres bêtes dans cet état, et de les exposer au soleil, à la pluie et au froid de certaines matinées, même du mois de juillet, et à la dent des chiens qui pourraient s'y tromper? Nous pensons qu'il faudrait tenir les malheureuses poules renfermées et chauffer de suite le poulailler. Pour ces divers motifs, tant qu'on n'indiquera pas des résultats obtenus, nous ne conseillerons pas d'arracher les plumes aux poules.

On vient cependant de nous citer une vieille femme de notre canton qui avait, au mois d'août de chaque année, l'habitude de plumer ses poules, *mais en leur laissant les plumes des ailes et de la queue.* Jusqu'à sa mort, qui a eu lieu il y a peu d'années, elle a agi ainsi et disait s'en bien trouver. Cette bonne femme ignorait ce que c'était qu'un livre, et arrachait, d'ailleurs, les plumes à ses poules bien des dizaines d'années avant que ne parût le *Guide pratique de l'éducation lucrative des poules.* Originaire de la Touraine, la mère *Desrocheau* avait, paraît-il, importé la méthode du lieu de sa naissance. Il n'y a donc rien de nouveau sous le soleil; il n'y a que des choses, et souvent des meilleures, perdues, oubliées, quelquefois conservées sur un point ignoré, que les chercheurs *retrouvent*, ce qui ne diminue en rien leur mérite et ne doit point altérer la reconnaissance que leur doit l'humanité. La bonne femme *Desrocheau* avait des œufs tout l'hiver. Néanmoins ses voisines ne l'ont pas imitée, ce qui ne prouve, du reste, absolument rien, les meilleurs procédés étant quelquefois systématiquement repoussés pendant des siècles. L'arrachage des plumes est donc à expérimenter, ce que nous nous promettons de faire, mais en laissant, nous aussi, les plumes des ailes et de la queue.

La mue a certainement une influence défavorable sur la ponte; mais il y a plusieurs autres causes qui agissent en même temps qu'elle. Nous sommes en octobre ou en novembre; dans cette saison, le vent et la pluie ne sont pas épargnés à la terre, lorsqu'il faudrait aux poules en crise de mue une température douce et chaude ; tous les grains perdus ont été glanés par les volailles autour de l'exploitation ; les herbes n'offrent plus qu'une nourriture aqueuse, débilitante, et les poules ne trouvent à la ferme que de maigres balles, souvent grattées et regrattées, et parfois un peu de pommes de terre, lorsqu'il faudrait aux poules malades de la mue une nourriture fortifiante et échauffante.

En donnant dès le mois d'octobre de la chaleur au poulailler, nous avons montré qu'on le peut faire sans frais, et en mettant à la disposition des poules une nourriture abondante et de bonne qualité, ce qui, nous le répétons, doit avoir lieu toute l'année, et en y joignant quelques substances à haute valeur nutritive (nous reviendrons sur ce sujet au chapitre *Nourriture des poules*), les effets de la crise de la mue sont notablement diminués, et la ponte n'éprouve que peu d'interruption.

Récolte des œufs.

Quelle que soit leur destination, les œufs doivent rester dans les pondoirs le moins de temps possible. Il suffit, en effet, qu'ils restent pendant quelques heures soumis à la chaleur des pondeuses qui se succèdent dans les nids pour déterminer un commencement d'activité dans le germe et les rendre impropres à l'incubation, d'une difficile conservation et d'une qualité inférieure. On doit visiter les nids des pondeuses deux ou trois fois par jour. Lorsque cette occupation est remplie par la personne qui a la direction du poulailler, habituées à sa présence, les poules ne quittent même pas les cases, où l'on prend les œufs sous elles.

Œufs clairs et œufs féconds.

Malgré ce qu'on en dit, on ne connaît pas encore de moyen sérieux de distinguer un œuf fécondé d'un œuf qui ne l'est pas ; le germe existe dans l'un comme dans l'autre, et le

6

résultat de la fécondation demeure caché dans l'œuf non couvé.

Conservation des œufs.

Lorsque les prix sont trop bas, comme on est *certain* du retour de la hausse, il est avantageux de conserver tout ou partie des œufs que produit journellement le poulailler. Plus frais sont les œufs, meilleurs ils sont ; cependant, conservés par l'un des procédés que nous allons indiquer, la différence, après quelques mois, est peu sensible entre l'œuf nouvellement pondu et l'œuf conservé.

Tout le monde sait que les œufs portent en eux deux causes d'altération : 1° le germe, s'il a été fécondé ; 2° une certaine quantité d'air et des liquides, qui ne sont pas à l'abri d'une perte par l'évaporation. Si donc on laisse l'œuf en contact avec l'air extérieur, il s'y introduit au fur et à mesure de l'évaporation des liquides, acte qu'il facilite, et y produit les plus grandes perturbations. Le point important dans la conservation de l'œuf est donc d'empêcher les liquides qu'il contient de s'évaporer et de le préserver des changements de température, qui, comme nous l'avons vu, peuvent, si l'œuf a été fécondé, déterminer le développement du germe ou la putréfaction. Les paniers ou les caisses où l'on dépose les œufs doivent donc être placés dans un lieu sec, frais, et de température peu variable. Les œufs sont stratifiés dans les caisses avec l'une des substances suivantes : du sable fin, de la cendre, de la sciure de bois, du son, du grain, du sel, etc. Voici comment l'on procède : on recouvre le fond d'une caisse, d'un vase, de 3 à 4 centimètres d'épaisseur de l'une des substances ci-dessus ; on y pose les œufs, le gros bout en bas ; on recouvre le tout d'une nouvelle couche de substance isolante, qui dépasse de 3 à 4 centimètres le petit bout des œufs, et ainsi de suite.

Nous avons conservé des œufs de bien des manières, mais nous employons surtout le son, qui laisse intact la blancheur de la coquille de l'œuf, ce qui n'a pas toujours lieu avec quelques-unes des autres substances. Quelles qu'elles soient, les matières dont on se sert doivent être parfaitement sèches, et, si elles ont quelque valeur, il est bon de garnir d'abord la caisse, le vase ou le panier de papier.

On peut aussi conserver les œufs dans de l'eau de chaux, qui se prépare en faisant fondre de la chaux vive dans l'eau qui doit servir à la conservation. On obtient d'abord du lait de chaux; mais bientôt la chaux descend au fond du vase, et c'est du liquide devenu clair, que l'on décante, dont on se sert. Par suite d'un ordre mal exécuté, des œufs ayant été déposés dans un lait de chaux hydraulique, nous avons trouvé, après deux années, les œufs ainsi traités parfaitement conservés; mais ils furent presque tous perdus, obligé qu'on fût de briser le vase pour avoir le bloc de chaux solidifié, et de briser le bloc pour constater l'état intérieur des œufs. En opérant comme nous venons de l'indiquer, rien de pareil n'est à craindre. Un kilogramme de chaux suffit pour faire dix litres d'eau de chaux.

En privant les poules de coqs, elles n'en pondent ni plus ni moins, et l'on évite l'une des causes de désorganisation de l'œuf : la fécondation du germe. Mais, pour opérer ainsi, il faut de toute nécessité avoir un petit troupeau de poules et de coqs de choix, troupeau destiné à fournir les œufs aux couveuses du grand poulailler.

Transport des œufs.

On les stratifie tout simplement dans des paniers ou des caisses avec de la paille brisée, ou mieux avec des balles d'avoine ou de froment, une couche de balles pour commencer, puis une couche d'œufs placés sur le côté, puis une couche de balles, et ainsi de suite, jusqu'à ce que le panier soit plein. Pour que les œufs ne soient pas brisés, il faut qu'ils ne puissent ballotter. Enfin plus les œufs sont frais ou bien conservés,

moins ils sont susceptibles d'éprouver d'altération pendant le
voyage, parce qu'alors les liquides, remplissant presque entièrement la coquille, sont peu agités, tandis que le contraire
se produit d'autant plus que la chambre de l'œuf est plus considérable. Conséquemment, les œufs que l'on conserve avec
l'intention de les transporter doivent préférablement être
traités par l'eau de chaux, qui ne permet, en quelque sorte,
pas du tout aux liquides de s'évaporer.

VII.

L'INCUBATION.

Dans les conditions actuelles, il y a, pour la généralité des cultivateurs, plus de profit à produire des œufs que des poulets. Cependant, comme il faut remplacer chaque année un certain nombre de pondeuses, on est toujours dans la nécessité de faire plus ou moins couver.

Les personnes les moins expérimentées dans le traitement des volailles connaissent, à ses allures et à ses gloussements, quand une poule se dispose à couver. Inutile donc de nous étendre sur ces minuties; nous dirons seulement qu'on peut hâter le moment de la couvaison, en laissant dans le nid un certain nombre d'œufs naturels ou même en plâtre. La poule se détermine alors beaucoup plus vite à couver et arrête sa ponte en présence des œufs dont elle voit son nid garni. On peut aussi, et cela a beaucoup plus d'importance au point de vue où nous nous sommes placé, détourner la poule du désir de couver, en la soumettant à un régime rafraîchissant et d'abstinence. On place la poule dans un panier sans anse et renversé, d'où on la retire trois à quatre fois par jour pour la plonger pendant quelques minutes dans un vase dont l'eau doit lui venir au-dessus du dos. On ne fournit aucune nourriture à la poule, qui, au bout de 48 heures, ne songe ordinairement plus à couver; on lui donne alors la liberté pour recommencer, si deux jours de bains et d'abstinence n'étaient pas suffisants. On est bien rarement obligé de répéter une troisième fois l'opération.

Époque de la couvaison.

Lorsque l'on n'a en vue que la production de sujets destinés à faire des pondeuses, il ne faut faire couver ni trop tôt ni trop tard : trop tôt, les jeunes poulets ont souvent à souffrir de la rigueur de la température; et si, pour les en préserver, on les tient constamment renfermés, ils se ressentent parfois toute leur vie de cette première éducation en serre chaude ; trop tard, les mêmes inconvénients peuvent se produire. Dans le centre de la France, la couvaison doit avoir lieu du 1er avril au 1er juin; le nord est plus en retard, et le midi plus en avance.

Choix des couveuses.

A moins d'y être contraint, on doit s'abstenir de faire couver les jeunes poules; ce sont presque toujours de fort mauvaises couveuses : capricieuses, peureuses, se remuant sans cesse, cassant les œufs, et plus tard écrasant les poulets par étourderie. Il ne faut mettre au couvoir que les poules âgées d'au moins deux années. Plus elles sont vieilles, mieux elles valent; elles ont alors, en général, la patience, le calme, la prévoyance qui manquent aux jeunes femelles, à quelque genre qu'elles appartiennent. Parmi les couveuses d'un âge respectable, il y a encore un choix à faire : on doit repousser celles qui, l'année suivante, se sont rendues coupables de quelques peccadilles. Il y a des vieilles poules, excellentes pondeuses, qui sont, malgré leur âge, des couveuses détestables. Lorsque des œufs

de choix produisent des sujets maladifs, cela provient presque
toujours de ce que les œufs ont été mal couvés ; les poulets
ne s'en remettent jamais. Avant de donner des œufs à une
poule, il est utile de s'assurer de ses dispositions. Dans ce but,
on la place là où elle devra couver, et on lui donne quelques
œufs en plâtre ou naturels (mais ces derniers sont perdus), sur
lesquels on la laisse deux ou trois jours, en la traitant comme
si elle couvait. Cet espace de temps écoulé, si la poule persiste
à se laisser toucher sans quitter le nid, elle est en état de
recevoir des œufs. Le nombre de ces derniers varie, selon la
taille de la poule, entre 12 et 18. Les œufs sont placés sur de
la paille hachée ou sur des balles d'avoine ou de froment, et
le nid, établi dans un panier, comme il sera expliqué, doit
être assez large et assez plat pour que les œufs ne puissent être
mis les uns sur les autres par les mouvements de la poule.
Ces précautions ont leur importance ; sans elles, souvent, l'incubation n'a lieu qu'imparfaitement.

Que dire de la coutume, très-répandue, de placer un ou
plusieurs morceaux de fer dans le nid des couveuses, au-dessous des œufs ? Les expériences auxquelles nous nous sommes
livré n'ont pas fait pour nous la lumière sur ce point. La
science s'en moque, mais la science s'est quelquefois trompée ;
elle dit bien que les diverses phases de la lune n'ont aucune
action sur la germination, sur la végétation, etc., parce
qu'elle ne trouve pas à expliquer cette action. Cependant cette
action paraît réelle, et, nous ne disons pas indubitablement,
mais probablement, la science trouvera un jour le moyen d'en
donner la clef. Nier tout d'abord, nier à propos de tout ce que
nous ne pouvons comprendre, expliquer, a toujours été et
sera éternellement le propre de notre pauvre et infirme
nature.

Choix des œufs.

Nous avons dit, chapitre VI, traitant de la production des
œufs, comment on devait opérer pour avoir des œufs de choix

à donner aux couveuses. Nous ne reviendrons pas sur ce sujet ; nous dirons seulement que , parmi les œufs pondus par des poules d'élite , il y a encore un choix à faire. Les œufs dont la conformation n'est pas régulière doivent être rejetés, et, autant que faire se peut , il faut éviter de se servir d'œufs provenant de trop jeunes ou de trop vieilles poules : ils ne sont pas toujours féconds , ou produisent souvent des sujets languissants, qui meurent dans leur premier mois. Les poules de deux à quatre ans fournissent les meilleurs œufs , d'où naissent les sujets les plus vigoureux. Enfin , plus nouvellement pondus sont les œufs , meilleurs ils sont. Ceux de trois semaines sont déjà vieux.

Nids ou cases à couver.

Souvent , dans les fermes, on fait couver les poules dans les nids ou pondoirs du poulailler. Cette pratique est vicieuse et funeste à la fois aux pondeuses et aux couveuses : les pondeuses, qui ont l'habitude de pondre dans les nids occupés par les couveuses , ne savent où aller, se placent à côté des usurpatrices , parfois même les chassent. Dans le débat , des œufs sont brisés. De là des désordres , des retards et des pertes inévitables qui , souvent répétées, finissent par former une somme respectable. Un autre inconvénient, c'est que les œufs pondus dans le nid d'une couveuse , bien qu'ôtés chaque jour , sont promptement altérés par la haute température à laquelle ils sont soumis pendant quelques heures ; enfin , pour s'emparer de ces œufs , il faut de toute nécessité lever la couveuse. Par ces motifs et d'autres encore , on ne doit pas laisser les couveuses dans les pondoirs du poulailler, ni dans le poulailler, où le chant des pondeuses se fait entendre du matin au soir, mais les établir dans une pièce, appelée couvoir, dont nous avons déjà dit quelques mots. Là les couveuses ne sont troublées par aucun bruit et peuvent recevoir des soins qu'il est impossible de leur donner dans de bonnes conditions au milieu des pondeuses.

On peut mettre couver dans des paniers ou dans des cases, cases analogues aux pondoirs. Les paniers, auxquels nous donnons la préférence, sont de forme carrée. Ils ont à leur base 35 centimètres de longueur, 25 de largeur; ils sont hauts de 30 centimètres. L'ouverture, munie d'un couvercle, est 5 à 6 centimètres plus longue et plus large que la base. Les murs du couvoir doivent être garnis d'un ou de plusieurs rangs de planches, dont le plus bas est établi à 80 centimètres du sol, planches sur lesquelles on place les paniers, munis, chacun, à l'extérieur, d'un morceau de carton indiquant le nombre d'œufs que contient le panier et la date du jour où a commencé l'incubation. Le couvoir doit être, autant que possible, chauffé de manière à en maintenir la température à 18 degrés.

Quant à la méthode qui consiste à placer les couveuses sur des nids non fermés, avec de la nourriture et de l'eau dans la pièce, elle est détestable : les poules se battent, brisent les œufs, changent de nids et oublient parfois de s'y mettre en temps utile.

Soins à donner aux couveuses.

Les couveuses doivent être levées tous les jours, vers le moment où la température est le plus élevée, si le couvoir n'est pas chauffé, c'est-à-dire de midi à deux heures, pour se vider et prendre leur nourriture. Il faut, pour cette opération, une mue par couveuse; car si l'on place plusieurs couveuses sous une même mue, il y a des querelles qui font oublier aux poules qu'elles sont là pour manger et boire. Les mues ordinaires prenant trop de place, on se sert d'une longue boîte en planches de 50 centimètres de largeur, autant de hauteur, et ayant le devant fermé par une grille dont les barreaux laissent entre eux un intervalle de 6 à 8 centimètres, afin que les poules puissent facilement passer la tête et le cou. Cette boîte est divisée par des séparations pleines, placées à 40 centimètres les unes des autres, en un certain nombre de cases, selon la longueur de la boîte, ayant chacune, dans la partie opposée à la grille, une porte assez grande, maintenue par des charnières ou se fermant à coulisse, pour que l'on puisse non-seulement y faire passer la couveuse, mais aussi opérer facilement le nettoyage de la case. Les séparations, qui forment les cases, avancent en dehors de la grille de 15 à 20 centimètres, pour que les poules ne puissent se voir. Cette boîte, qui n'a pas de fond, doit être placée soit dans le couvoir même, soit dans une pièce attenante, ayant la même température, mais jamais, comme on l'a conseillé, au dehors, où les poules, sortant d'un nid chaud et passant brusquement dans un milieu contraire, peuvent contracter les plus graves maladies. Il faut savoir passer sur le petit inconvénient de la mauvaise odeur qui se dégage des fientes des couveuses, mauvaise odeur vite dissipée par un léger courant d'air que l'on fait agir lorsque les poules sont replacées dans leurs nids.

La boîte que nous avons décrite, posée sur le plancher, chaque case ayant en avant de sa grille deux vases, l'un contenant le manger, l'autre le boire, on y place les poules, qui s'y vident et s'y restaurent, en passant la tête en dehors de la grille. Pendant ce temps, on visite les œufs, en commençant par ceux de la première poule levée ; on retire les saletés qu'a pu faire la couveuse, acte fort rare, ainsi que les débris des œufs cassés, s'il s'en trouve, et aussitôt on recouvre les œufs d'un morceau d'étoffe quelconque, qui maintient leur chaleur. Ce morceau d'étoffe doit être placé sur les œufs dès que la poule en est enlevée. On inspecte de la même manière successivement tous les nids libres, et, quand le repas des couveuses est terminé et qu'elles se sont vidées, ce qui exige de 15 à 30 minutes, on replace chacune d'elles sur son nid, en commençant par la première. Puis

on change la boîte de place, on donne un coup de balai pour
enlever le guano, qui, trop odorant, ne doit pas être porté sur le
réceptacle du juchoir des pondeuses ; on remet de l'eau dans
une partie des vases, du manger dans les autres, et on recommence à garnir les différentes cases d'une nouvelle série
de couveuses, avec lesquelles et avec les nids desquelles on
procède comme il vient d'être dit. Lorsque les nids sont bien
établis, on ne trouve jamais d'œufs les uns sur les autres ;
si, par une cause quelconque, ce fait se produit, on rétablit
les choses comme elles doivent être. Dans ce cas seulement
on peut se permettre de toucher aux œufs, que la couveuse
sait mieux que nous tourner et retourner à propos.

Mirage des œufs.

C'est une opération surtout de curiosité, dont l'utilité est
contestable, et qui peut avoir des conséquences désastreuses.
Encore une fois, on ne doit toucher aux œufs en incubation
qu'à la dernière extrémité. Lorsqu'on entretient des poules
dans la force de l'âge, accompagnées de coqs jeunes et en
nombre suffisant, les œufs sont toujours féconds.

Au grain dont les couveuses font leur repas on doit ajouter un peu de verdure, *en très-petite quantité*, herbe de froment, salade, choux, etc.

Durant toutes les opérations que nous venons de décrire,
il faut faire le moins de bruit possible. Silence, température
élevée et égale sont trois conditions qui doivent toujours
être observées dans le couvoir.

Lorsqu'on entretient un certain nombre de poules, il est
bien de mettre plusieurs couveuses, le plus est le mieux, sur
les œufs le même jour. On peut parer ainsi à plusieurs accidents : si une couveuse meurt, on distribue ses œufs aux
autres ; si un nombre d'œufs suffisant pour occuper une
couveuse sont brisés dans les nids, on refait la distribution
et l'on place la poule libre sur quelques œufs d'épreuve, en

attendant de la faire entrer dans une nouvelle série de couveuses ; lors de l'éclosion, selon le nombre de sujets obtenus, on peut remettre à la ponte une ou plusieurs couveuses, dont on répartit les poussins sous les mères que l'on conserve, etc.

L'incubation dans notre exploitation n'a lieu qu'une fois par an, et comme nous ne faisons couver qu'une poule sur huit ou dix pondeuses, nous avons toujours, au moment opportun, plus de couveuses que nous n'en voulons. On peut, d'ailleurs, faire attendre les plus pressées en les plaçant sur quelques œufs de plâtre, jusqu'au jour où l'on a réuni le nombre de couveuses que l'on désire.

Dindes couveuses.

On peut dire que la dinde est toujours prête à couver. Aussi arrive-t-il souvent que, pour obtenir des couvées précoces ou pour pouvoir conduire les poulets au pâturage un peu loin de la ferme, on fait couver des dindes ; mais lorsque l'on n'a pas en vue l'un ou l'autre résultat, il n'y a aucun avantage à faire couver ces gros oiseaux, à moins qu'on ne se trouve à une époque de l'année où les œufs ne soient très-chers. Pour décider la dinde à couver, il suffit ordinairement de préparer un nid dans un lieu un peu obscur, d'y mettre quelques œufs et de placer la dinde dessus, en la couvrant d'une mue ou d'un panier qui ne lui permette pas de se lever, pour qu'après vingt-quatre heures elle soit déjà attachée à son nid. Si ce simple moyen ne réussit pas, en voici un autre, qui est à peu près infaillible : lorsque l'oiseau n'est pas prêt à commencer sa ponte ou qu'il l'a terminée, on lui arrache les plumes du ventre et l'on fouette la partie mise à nu avec des orties ; quelques personnes enivrent, de plus, la dinde avec du vin, puis on la place sur le nid, comme nous venons de l'indiquer. Le contact des œufs diminue la souffrance causée par les piqures d'orties, et la dinde devient en quelques heures une couveuse déterminée. Elle s'attache à ses œufs avec une passion inconnue, beaucoup se laisseraient mourir de faim et de soif plutôt que de les quitter un seul instant. On doit donc lever les dindes couveuses tous les jours. Selon sa grosseur, une dinde peut couver de 25 à 40 œufs ; malheureusement, bien que ces oiseaux prennent toutes les précautions possibles, ils sont lourds et brisent souvent des œufs. On peut faire couver la même dinde plusieurs fois de suite en lui enlevant les poulets dès qu'ils sont éclos et en plaçant de nouveaux œufs dans le nid ; mais il est sage de ne pas dépasser deux couvées consécutives. La couveuse pourrait en mourir et meurt quelquefois, si l'on exige trop d'elle ou si on ne l'entoure pas de soins. Il arrive fréquemment que la dinde couveuse que l'on vient d'ôter du nid ne songe qu'à s'y replacer et refuse de prendre sa nourriture. On la fait alors sortir, et, la touchant avec une baguette, on la force à marcher quelques instants. Ordinairement elle mange en rentrant. Si elle refuse, on est obligé de la prendre, de lui faire avaler du pain et sa pâtée, et de la faire boire. Ce cas se présente rarement. Enfin, on doit avoir pour les dindes couveuses les mêmes soins que pour les poules couveuses.

VIII.

COUVOIRS ARTIFICIELS.

Depuis un temps immémorial, les Égyptiens font couver artificiellement des œufs de poules. A une époque très-reculée, les Hébreux et autres peuples des mêmes contrées exercèrent cet art. L'Égypte faisait, dit-on, couver autrefois 100,000,000 d'œufs. Aujourd'hui elle n'opère plus que sur le tiers de ce nombre. Les couvoirs d'Egypte, espèce de fours, et le genre d'élevage qui en est la suite, sont admirablement appropriés aux climats de ce pays. Rien de pareil ne peut réussir en France : la chose fut en vain tentée par Charles VIII, François Ier et bien d'autres. Depuis, une foule d'expériences ont été faites avec divers appareils sans un succès complet. Nous croyons inutile de décrire les nombreuses tentatives qui n'ont pu encore faire sortir l'incubation artificielle et l'élevage artificiel du domaine de l'expérimentation. La difficulté, d'ailleurs, n'est pas précisément de faire éclore, mais bien d'*élever*.

Nous croyons cependant au succès futur de l'incubation artificielle et du genre d'élevage, mais modifié, qui en est la conséquence ; seulement nous pensons que les expérimentateurs doivent, pour ces deux opérations, demander la chaleur nécessaire à une source qui, par son égalité soutenue, dispense l'homme d'autant de surveillance et d'habileté qu'il en faut dans l'emploi des appareils dont on s'est jusqu'ici servi. Cette source de calorique, d'une longue égalité, et qui, de plus, ne coûte rien, nous l'avons déjà nommée : c'est tout simplement la fermentation de nos fumiers. Oui, nous croyons au succès de l'incubation artificielle, mais nous croyons aussi que son usage sera restreint, on lui a trop demandé. L'incubation artificielle ne pourra faire disparaître les difficultés de l'élevage pendant l'hiver. Si dans l'Inde et en Égypte, les appareils fonctionnent sans relâche, c'est que la température du pays permet d'élever en toute saison. Ici c'est tout autre chose. Assurément nous pourrions, par les moyens naturels, obtenir des poulets pendant l'hiver, sinon avec des poules, au moins avec des dindes ; mais nous tous cultivateurs, nous nous en gardons bien, et avec raison, car nous ne pourrions les élever, à moins d'y consacrer des soins et des dépenses hors de proportion avec le produit à espérer. Les chercheurs, pensons-nous, ne doivent pas tendre au delà de ce but : faire éclore *seulement* pendant l'époque où ont lieu les éclosions naturelles dans chaque contrée. Vouloir plus, c'est tenter l'impossible. Le résultat sera d'ailleurs encore assez beau, qu'on en juge :

Nous faisons tous les ans couver, en France, environ 150 millions d'œufs, qui occupent à peu près 10 à 12 millions de poules ; et bien que de ces 150 millions d'œufs couvés nous n'obtenions pas plus de 40 à 50 millions de poulets survivant aux accidents de l'incubation, de l'éclosion et de l'élevage, 10 millions de poules n'en restent pas moins occupées, pendant 2 ou 3 mois, soit, en moyenne, 75 jours chaque année, à l'incubation et à la conduite des poussins. Nous ne pouvons pas estimer à moins de 40 le nombre d'œufs que pondrait une poule ordinaire pendant ces 75 jours, qui font en général partie de la saison où la ponte est la plus active. Notre production se trouve donc chaque année diminuée de 400 millions d'œufs par le fait de l'incubation naturel'e. Au prix *minimum* (*voir* le chap. III, 3ᵉ partie) de 52 fr. 80 c. le mille, c'est une perte annuelle de plus de 21 millions de francs. Voilà ce que l'incubation artificielle et l'élevage artificiel, ou plutôt semi-artificiel, que nous décrirons dans le chapitre suivant, nous donneraient. 21 millions par an sont une somme, et la perte ne fût-elle que de 10 millions que ce serait encore une grosse affaire.

Sans avoir aucune prétention, nous nous proposons, dès que nos occupations nous le permettront, de tenter quelques expériences d'incubation artificielle, dont nous nous empresserons de faire connaître le résultat aux personnes que cela pourrait intéresser.

IX.

LES POULETS.

Éclosion.

Depuis le moment où l'œuf a été placé sous la poule, le germe qu'il contient n'a fait que se développer, et bientôt le poulet est parfait.

L'éclosion a lieu non pas exactement le vingt et unième jour, mais du dix-huitième au vingt-deuxième, selon la température du couvoir, selon aussi celle de la poule. Tous les œufs n'éclosent pas en même temps : ceux qui, pour une cause quelconque, ont plus ou moins souffert d'un abaissement de température, peuvent retarder de deux à trois jours sur ceux qui se sont trouvés dans les meilleures conditions. Les sujets fournis par ces derniers sont, en général, plus vigoureux et conservent, souvent toute leur vie, une certaine supériorité sur leurs frères venus tard.

Deux jours environ avant l'éclosion, le jaune de l'œuf, jusque-là resté entier, passe, au moyen de vaisseaux *ad hoc*, dans le corps du poulet, qui, prenant tout à coup un volume considérable, fait éclater la poche qui l'entoure. L'air de la chambre de l'œuf, chambre qui n'a fait que grandir par suite de l'évaporation des liquides, pénètre dans les poumons de l'oiseau : il respire alors, puis fait entendre un petit cri, et aussitôt l'instinct le porte à briser sa prison, la coquille de l'œuf.

Dieu est admirable en tout. L'extrémité supérieure du bec de l'oiseau est armée d'une petite pointe cornée dont il se sert pour briser l'obstacle qui s'oppose à sa liberté. Il fait ce travail la tête engagée sous l'aile; il bêche, frappe, pousse, use un même point et parvient à le percer. C'est cette première opération qui exige le plus d'efforts, puis il continue son travail se tournant sur lui-même et faisant successivement éclater la coquille en suivant une ligne perpendiculaire à la longueur de l'œuf et qui le coupe à peu près dans son milieu. La coquille se divise enfin en deux parties, et l'oiseau en sort; le pic dont il s'est servi pour s'affranchir lui devient inutile et disparaît ordinairement dans les vingt-quatre heures qui suivent la naissance. Ce travail de délivrance avance rapidement ou dure plusieurs jours, selon la force du travailleur et selon la résistance produite par l'épaisseur de la coquille. Lorsque le sujet doit vivre, il vient à bout de la besogne tout seul, et nous ne devons intervenir que pour le débarrasser des fragments de coquille qui, parfois, s'attachent à lui; pour cela, on emploie, s'il le faut, un peu d'eau tiède. Donc, pendant l'éclosion, rien à faire, si ce n'est de lever la poule à l'heure habituelle et d'enlever, une ou deux fois par jour, les fragments de coquille qui pourraient blesser le nouveau venu. Si on a mis à la fois plusieurs poules couver, ce qu'il faut toujours faire quand on le peut, on prend, lorsqu'on visite les nids, les poussins déjà éclos, et on les donne par quinze à une ou plusieurs couveuses dont on répartit les œufs non éclos, si elles en ont, sous les couveuses encore occupées à l'incubation.

Mue et boîte à élevage.

La mue ordinaire, que tout le monde connaît, ne vaut rien pour l'élevage : elle n'a qu'un seul compartiment, ce qui ne permet pas de donner de la nourriture aux poussins sans que la mère ne la disperse, ne renverse leur boisson et ne fasse un cloaque d'un emplacement qui doit rester parfaitement sec ; on ne peut, quand besoin est, renfermer les poussins dans la mue, dont tous les barreaux sont trop écartés les uns des autres ; enfin, n'ayant pas de fond, on est dans la nécessité de s'emparer de ses habitants, lorsqu'on veut les transporter avec la mue d'un lieu dans un autre.

La boîte dite à élevage est excellente quant à ses dispositions. C'est une boîte en planches, carrée ou oblongue, plus ou moins vaste, partagée, en deux parties égales, par une grille dont l'écartement des barreaux permet aux poulets d'aller d'un compartiment dans l'autre. Une grille à peu près semblable sert de porte à l'un des compartiments ; la porte de l'autre compartiment est un panneau plein. Le dessus de la boîte est terminé en forme de toiture, établi de manière à ne pas permettre à la pluie de le traverser. Cette boîte n'a pas de fond ; on la place à demeure au dehors, dans un enclos ; on introduit la poule et les poussins dans le compartiment à porte grillée ; on place la nourriture choisie des petits dans le compartiment où la mère ne peut pénétrer ; on y met aussi le vase contenant leur boisson, mais assez près de la grille de séparation pour que la mère, en passant la tête et le cou entre deux barreaux, puisse, elle aussi, se désaltérer ; la nourriture de cette dernière est placée en dehors de la cage, près de la grille donnant sur l'extérieur. Les choses ainsi disposées, la poule ne peut gaspiller ni sa nourriture ni celle de ses enfants, ni renverser leur boisson. Les poussins vont d'un compartiment dans l'autre, sortent au dehors ou en reviennent quand bon leur semble. Lorsque le temps n'est pas favorable, un panneau plein, appliqué sur la grille extérieure, ne leur permet plus de quitter la boîte, alors éclairée par un vitrage placé dans l'un des panneaux de la toiture. Chaque jour, on nettoie les compartiments et on remplace le sable enlevé avec les déjections.

Cette boîte, avons-nous dit, est parfaite quant à ses dispositions, mais elle a deux grands défauts : 1° elle ne peut être facilement transportée. Établie à demeure, en plein air, d'après le système des inventeurs, si la température s'abaisse démesurément, ou si le temps se tient à la pluie pendant plusieurs semaines ou seulement plusieurs jours, les poussins, quoi qu'on puisse dire, ont beaucoup à souffrir. 2° La boîte à élevage coûte 30 à 35 francs, et comme, d'après ses partisans, il en faut une par groupe de 15 poulets, souvent bientôt réduits à 10 ou 12; comme on ne peut pas compter à moins de 10 0[0, en raison de la détérioration qu'éprouve journellement, quelque bien peinte qu'elle soit, une boîte en bois blanc léger exposée à toutes les influences atmosphériques, comme, disons nous, on ne peut compter à moins de 10 0[0 l'intérêt du capital employé à l'acquisition de cette boîte, il résulte que la valeur des 10 ou 12 poulets qu'on obtient, en définitive, se trouve de suite diminuée d'une somme de trois francs, soit 25 à 30 centimes par tête, pour frais de logement desdits poulets pendant deux ou trois mois seulement : c'est beaucoup trop. On peut, il est vrai, utiliser la boîte en y plaçant une seconde couvée, mais nous savons et nous avons dit ce que valent généralement les couvées tardives ; nous savons aussi qu'on ne convaincra jamais un cultivateur sérieux que, pour élever chaque année cent poulets, par exemple, il faut qu'il commence par acheter pour trois cents francs de boîtes ! Il en est des boîtes à élevage à 30 fr. comme des poulaillers roulants à 1,100 fr., comme une foule d'instruments et d'engins plus ou moins parfaits, le plus bel ornement de nos concours.

qui, par l'exagération de leurs prix, sont inabordables aux 999 millièmes des cultivateurs. C'est en proposant de pareilles choses qu'on rend, dans nos campagnes, le progrès si difficile. Un perfectionnement apporté à un instrument à l'usage de tous et par son prix à la portée de tous, à notre faux, par exemple, qui n'augmenterait que de quelques francs le prix de l'instrument et économiserait un vingtième de la force de l'ouvrier, ou, dans le même temps, lui permettrait de faire un vingtième de plus de besogne, aurait pour nous beaucoup plus d'intérêt que la machine à moissonner la plus parfaite du prix de mille francs, parce que tous les ouvriers pourraient se procurer la faux perfectionnée, tandis que la machine, par son prix et par sa destination, ne pourrait être acquise que par un nombre infime d'exploitants. Mais revenons à notre sujet.

Il y a des contrées où l'on ne pourrait laisser impunément la nuit au dehors, à moins que ce ne fût dans un enclos ayant des murailles de trois à quatre mètres de hauteur, une boîte renfermant des volailles, sans courir le risque de les voir attaquées par les renards et les loups, et, malgré sa solidité, de trouver au matin les volailles détruites. Dans ces contrées, la boîte à élevage que nous venons de décrire, fût-elle d'un prix raisonnable, n'est pas possible. Placé dans ces conditions de faible sécurité, nous avons dû chercher un engin qui, tout en possédant les principaux avantages qu'offre la boîte fixe, fût facilement transportable et d'un prix minime.

Voici la description de la tente, mue, cage ou boîte, elle est un peu tout cela, dont nous nous servons :

Elle se compose d'un cadre en lattes ou planchettes en bois blanc, ayant 5 centimètres de largeur et 1 centimètre d'épaisseur, placées sur champ, cadre ayant, de dedans en dedans, 1 mètre de longueur sur 50 centimètres de large. Pour le consolider, et aussi dans un autre but, comme on le verra bientôt, on cloue dans chacun de ses angles un cube de bois dur de 5 centimètres ; on cloue également un cube semblable, toujours dans l'intérieur du cadre, sur chacun de ses deux grands côtés, au milieu de leur longueur, et, afin de maintenir l'écart de ces deux grands côtés, on réunit les deux cubes par une traverse en bois blanc, ayant les mêmes dimensions que les planchettes qui forment le cadre. Cela fait, on se procure un bâton ou perchette de bois léger, en saule par exemple, de 1 mètre 20 centimètres de long sur environ 3 centimètres de diamètre : on prend un morceau de fil de fer de 3 à 4 millimètres de diamètre et de 2 mètres 40 centimètres de long ; on le courbe au milieu, en lui faisant faire boucle autour du bâton, à 10 centimètres de l'une de ses extrémités ; cette boucle est arrêtée par une double torsion. On dirige alors chaque branche du fil de fer, l'une à droite l'autre à gauche, en forme de toiture, en donnant à chacun des côtés une inclinaison de 17 centimètres pour 30 centimètres de longueur, longueur qui est celle de chacun des côtés de la petite toiture de la cage. Donc, à 30 centimètres de la boucle, on courbe chacune des branches du fil de fer de façon qu'elles viennent verticalement traverser par le milieu les deux cubes de l'un des bouts du cadre. On donne à chacune des branches, qui deviennent deux montants de la cage, une longueur ou hauteur de 40 centimètres, mesurée de la partie supérieure des cubes au point où commence la toiture. Chacune des branches du fil de fer est alors coudée à angle droit, en dehors, immédiatement au-dessous des cubes ; à 3 centimètres de ce premier coude, on les coude encore de nouveau à angle droit, de manière à leur donner la direction verticale ; un petit fil de fer passé dans ce deuxième coude et attaché au montant leur donne toute la solidité désirable ; enfin, on les coude une troisième et dernière fois, toujours à angle droit, à 2 centimètres du second coude. Les branches du fil de fer, ayant subi ces opérations, viennent se rencontrer horizontalement au-dessous du cadre, leurs extrémités se dépassant de 8 à 10 centimètres; on les réunit soit en les tordant, soit en leur faisant faire crochet. On impose à deux autres morceaux de fil de fer les évolutions que nous venons de décrire ; on joint par un fil de fer chacune des trois branches de la toiture, au milieu de chacune des traverses du cadre, afin que la cage ne se déforme pas lorsqu'on la transporte en tenant le bâton passé dans lesdites boucles, et le squelette est terminé.

La cage est divisée en deux parties égales au moyen d'une grosse toile métallique ou d'un treillage en fil de fer, dont les mailles ne doivent pas avoir plus de 2 centimètres 1｜2 d'ou- verture. Ce treillage est découpé, à l'un de ses angles infé- rieurs, de manière à recevoir une petite grille en fil de fer ou en bois de 20 centimètres de hauteur, de 25 de largeur et dont les barreaux laissent entre eux un intervalle de 6 à 7 centimètres. Au-dessus de cette petite grille est suspendu le morceau découpé du treillage, qui, glissant dans une cou- lisse, permet d'intercepter, quand besoin est, toute com- munication entre les deux compartiments : la façade de la cage est fermée par un treillage et une grille exactement semblable au treillage et à la grille du milieu, et le passage au travers la grille se ferme de la même manière, en faisant glisser dans une coulisse le morceau découpé de treillage ou de toile métallique. Le parquet du compartiment de la façade est formé d'une planchette ou de plusieurs planchettes dis- tinctes, mieux vaut une seule que plusieurs réunies, qui glisse au-dessous du cadre, soutenue par les fils de fer tordus, suite des deux premiers montants, et par deux autres fils de fer de même force placés *ad hoc* à 20 centimètres l'un de l'autre. Il en est ainsi du parquet du second compartiment. Les quatre côtés de la cage et la toiture sont garnis d'une toile de qualité quelconque, mais d'un tissu serré, taillée et confectionnée de manière à faire chappe et à tout envelopper. Cette toile, qui s'appuie sur le faîte de la toiture, faîte formé par le bâton établi à demeure dans les boucles de manière à les maintenir dans leur position respective, est fixée tout autour du cadre qui forme la base de la cage au moyen de baguettes en fil de fer, de clous ou de crochets. La cage n'a pas de porte; en construisant son enveloppe de toile on ménage, dans cette enveloppe, au-dessus de chaque compartiment, une ouverture recouverte d'une portière de toile, maintenue, sur ses trois côtés libres, par quelques boutons. Il existe aussi dans l'enveloppe une portière, en face la grille de la façade, de la longueur de cette grille et de 40 centimètres de hauteur: cette portière est presque toujours relevée; enfin, la partie inférieure des quatre côtés de la cage, sauf la portion de la façade occupée par la grille, est garnie de planchettes très-minces de 15 à 20 centimètres de hauteur.

Ces cages, qui reviennent à beaucoup moins de 30 francs, sont très-légères; une femme en peut facilement transporter deux à la fois, garnies de leurs habitants. En se servant d'un cercle, comme lorsque l'on maintient deux seaux remplis d'eau, le transport est encore plus commode. On en peut placer trois à quatre sur une brouette longue et la rouler sans la moindre peine. Ces cages sont de véritables petits poulaillers mobiles que l'on place où l'on veut: près d'un labourage qui s'effectue, mettant à découvert des milliers de vers, dans un jardin, une vigne, etc., où l'on ne permet pas aux grosses volailles d'entrer, et où, pour cette raison, les insectes pullulent. On les place toujours avec avantage en dehors du cercle de parcours des pondeuses, auprès des travailleurs de l'exploitation : laboureurs, bêcheurs, bineurs, faucheurs, etc. Après le départ de la mère, on établit un petit juchoir à 15 centimètres au-dessus du second compartiment, on enlève le treillage et la grille de séparation, et les poussins continuent à habiter la cage, que l'on transporte journellement aux champs. Dès le début de l'élevage, on a besoin, comme pour

les dindes conductrices, d'une perche surmontée d'un lambeau
de tissu toujours de même couleur ; les poussins égarés le
reconnaissent et se dirigent vers lui. Vu sa légèreté, qui permet au vent de la renverser facilement, la cage doit être toujours attachée par les deux extrémités du bâton ; son faîte, à
deux piquets fichés en terre : l'un en avant, l'autre en arrière.
Si le temps est à la pluie, on abrite la cage comme il sera
expliqué bientôt. Une toile imperméable coûte un peu plus
qu'une toile ordinaire, mais le petit monde de la cage est
ainsi toujours en sûreté. Pour préserver de l'humidité les
parquets, le cadre et la partie inférieure de la toile, il est bien
de placer la cage aux champs, sur deux morceaux de bois
posés en travers, ou sur des pierres, des mottes de terre, de
manière à l'élever à 8 ou 10 centimètres au-dessus du sol, en
n'oubliant pas de mettre en même temps des pierres ou des
mottes au bas de la grille de façade, pour faciliter aux poussins leurs allées et venues, surtout lorsqu'ils sont encore
faibles. Nous ne connaissons pas de mode plus économique
d'élevage, parce qu'il n'y a que peu ou pas de nourriture à
fournir.

On doit enduire de coaltar ou de toute autre peinture le
cadre de la cage, pour lui donner plus de durée. C'est la partie
la plus vulnérable de l'appareil, mais on la remplace facilement et son prix est insignifiant.

Revenons aux couvées que nous avons laissées en pleine
éclosion.

Après leur naissance, les poussins peuvent rester un ou
deux jours sans prendre de nourriture. Le jaune de l'œuf,
introduit dans leur abdomen peu avant le travail de l'éclosion,
leur suffit, et la chaleur de la mère leur est plus utile que
tout ce qu'on pourrait leur faire prendre. En général, on
commence à leur offrir de la nourriture 24 heures après l'é-
closion. On met la mère sous une mue ordinaire avec sa jeune
famille, à laquelle on donne de la mie de pain, du millet, du

petit froment. Quelques personnes ajoutent une pâtée composée d'œuf, de mie de pain et d'un peu d'herbage, le tout haché ensemble et relié par un peu d'eau ou même de vin si les poussins paraissent trop faibles. Tous ne mangent pas la première fois, malgré les appels et les encouragements de la mère; mais il n'y a pas lieu de s'inquiéter de ce semblant d'abstinence. On les prend dans la main l'un après l'autre, et on leur trempe le bec deux ou trois fois dans l'eau, en les relevant chaque fois, puis on les replace dans leur nid d'éclosion avec la mère; on leur offre encore pareillement de la nourriture une ou deux fois dans la journée. Le lendemain et le surlendemain on les fait manger et boire trois à quatre fois par jour. La seconde ou la troisième journée tous savent boire. Le quatrième ou le cinquième jour après l'éclosion, on établit les cages à élevage dans le couvoir, en les disposant selon les facilités qu'offre la forme de la pièce.

Voici comment nous opérons : nous ne faisons, nous l'avons dit, couver qu'une seule fois par an. Nous plaçons les cages les unes à côté des autres, les façades sur une même ligne, en regard de la porte et des fenêtres exposées au midi. Au besoin, nous établissons encore une rangée de cages le long des côtés latéraux. Nous laissons un espace de 60 à 80 centimètres derrière les cages et la muraille, espace nécessaire à l'exécution rapide du service, sans courir le risque d'écraser les poussins. On met au premier compartiment seulement, celui de la façade où sera placée la mère, sa planchette-parquet. Le compartiment du fond, qui a pour plancher celui du couvoir, reçoit deux vases carrés en terre cuite et à fond plat que, en raison de leur forme et de leur poids, les poussins ne peuvent renverser. Ces vases sont placés non loin de la grille de séparation, de façon que la mère puisse les atteindre et exciter sa famille au repas. Lorsque les poussins ont pris l'habitude d'aller d'eux-mêmes manger, ce qui a lieu après un ou deux jours, on éloigne leur vase au manger hors de la portée de la poule, à laquelle on donne la nourriture des pondeuses, plus un peu d'herbage, dans un vase placé au dehors, près de la grille de façade, vase qu'elle peut atteindre avec son bec, mais non gratter et renverser. Il doit toujours y avoir dans le vase des poussins et dans celui de la mère de la nourriture à discrétion. On s'assure de la chose, et au besoin deux fois par jour, en renouvelant la boisson commune de la mère et des enfants. Comme on a à sa disposition deux planchettes-parquet ayant les mêmes dimensions, celle du premier compartiment et celle du second, on change matin et soir la planchette-parquet du compartiment de la poule, ce qui procure aux enfants et à la mère un parquet toujours sec et propre ; les fientes de la poule sont en même temps enlevées et la planchette-parquet retirée, nettoyée et exposée à l'air, pour être replacée quelques heures après. Le compartiment où pénètrent seuls les poussins, et dont le parquet est le plancher du couvoir, se salit fort peu dans les premiers temps ; néanmoins, il est régulièrement nettoyé tous les jours à la première tournée. Toutes les opérations ayant rapport au second compartiment se font en passant par le corridor qui règne entre le derrière des cages et la muraille.

La mère est retenue dans le premier compartiment de la cage, mais les poussins peuvent en sortir quand il leur plaît en passant entre les barreaux de la grille de la façade, et ils ne s'en font pas faute dès leur installation. Lorsque la cage est placée dans un petit parc ou très-éloignée des autres cages, nul danger. Dans le premier cas, les poussins reviennent forcément à leur mère, et dans le second aussi, parce que les autres cages, ayant été placées en dehors de leur petit parcours, ne peuvent être pour eux une occasion d'erreur. Mais il en est tout autrement dans le couvoir : les cages se touchent, et les étourderies, souvent punies de mort par un coup de bec de la mère voisine, qui ne souffre autour d'elle que les poussins qu'elle considère comme les siens, sont aussi faciles que possibles. Quelques poules ont plus de charité et font bon accueil à tous les arrivants, petits et gros, de toutes couleurs ; mais ces excellentes natures sont fort rares.

Pour empêcher ces massacres, nous nous servons d'un panneau de 40 centimètres de hauteur (au lieu d'un seul panneau, on peut en avoir plusieurs qui s'ajoutent les uns à la suite des autres), que l'on place à 50 centimètres, un mètre et même plus, selon l'espace dont on dispose en avant de la ligne de façade des cages et parallèlement à cette ligne, panneau dont le cadre est en bois garni d'une toile métallique, d'un treillage ou, préférablement, d'un filet ayant des mailles qui ne peuvent livrer passage au plus petit poussin. A ce grand panneau sont joints, tous les 53 centimètres (la largeur extérieure des cages est de 52 centimètres), des panneaux en nombre suffisant, de même hauteur que le premier, qui viennent exactement rencontrer les lignes de séparation des cages entre elles, et former ainsi, au-devant de chacune d'elles, une petite promenade pour les poussins. Lorsque la force des poulets fait craindre qu'ils ne franchissent les panneaux, on étend au dessus un filet à larges mailles (1). Pour changer la planchette-parquet du compartiment, on fait ren-

(1) Les filets étant de première utilité dans l'élevage, le traitement économique des volailles et, conséquemment, dans la production du guano de poule, nous croyons être utile à nos lecteurs en leur indiquant la maison A. Moriceau et fils, 4, quai de Gèvres, à Paris, qui vend spécialement pour l'usage dont il s'agit ici :
Des filets en ficelle goudronnée à mailles de 4 centimètres, 2 fr. le mètre superficiel ;
Des filets en ficelle goudronnée à mailles de 5 centimètres, 1 fr. 75 c. le mètre superficiel;
Des filets en ficelle goudronnée à mailles de 6 centimètres, 1 fr. 60 c. le mètre superficiel;
En fil de chanvre solide (sans goudron) à mailles de 3 centimètres, 0 fr. 85 c. le mètre superficiel; goudronné, 1 fr. 10 c.;
En fil de chanvre solide (sans goudron) à mailles de 5 centimètres, 0 fr. 70 c. le mètre superficiel; goudronné, 0 fr. 95 c.;
En fil de chanvre solide (sans goudron) à mailles de 8 centimètres, 0 fr. 60 c. le mètre superficiel; goudronné, 0 fr. 85 c.

trer les poussins dans les cages, on abaisse avec une baguette le morceau de treillage destiné à fermer la grille extérieure, et on retire l'ensemble des panneaux qui ne font qu'un. Le nettoyage opéré, on remet les choses dans leur premier état. Ainsi, en cas de froid intense, de pluie de longue durée, les poussins ne quittent pas ou quittent peu le couvoir, où ils sont placés dans des conditions qui, sous le rapport de leur bien-être et de leur sûreté, ne laissent rien à désirer. Leur service se fait facilement et agréablement, tandis que s'ils étaient logés dans des boîtes éloignées les unes des autres, plus ou moins loin de l'habitation et exposées à toutes les intempéries, ils auraient parfois beaucoup à souffrir du froid et de l'humidité, dont des planches de 2 centimètres d'épaisseur ne les préserveraient pas. La personne chargée de leur direction ne serait pas dans de meilleures conditions, obligée d'effectuer les nettoyages et les pansements plusieurs fois par jour les pieds dans la boue et le dos à la pluie.

Lorsque les poussins ont 6 à 7 jours, on porte, si le temps est beau, les cages dans la cour du couvoir; on place les panneaux et la mère, et les petits prennent l'air et le soleil; lorsqu'ils ont 10 à 12 jours, on transporte journellement les cages, le temps étant favorable et la rosée passée, soit dans les petits parcs que nous avons décrits, soit aux champs, comme nous l'avons aussi expliqué. Le soir, on rentre les cages, un peu plus tôt un peu plus tard, selon la température et la force des poulets. Enfin, lorsqu'ils ont 5 à six semaines, on met régulièrement tous les jours les cages dans les parcs ou aux champs, à moins de pluies battantes; aux champs, les cages doivent être assez éloignées les unes des autres pour que les poussins ne puissent faire de confusion.

A partir du moment où les cages passent le jour hors du couvoir, les deux compartiments sont munis de leur planchette-parquet, qu'on retire le soir au retour. Les poussins et leur mère passent donc la nuit sur le plancher parfaitement sec du couvoir. Le matin, on remet la planchette, en plaçant en dessus la face qui la veille se trouvait en dessous. Chaque face ne sert ainsi que toutes les 24 heures. On peut aussi changer journellement les planchettes-parquet, la plus salie étant toujours celle du compartiment de la poule. Dans toutes ces opérations, le guano est toujours soigneusement recueilli.

Pour abriter les cages de la pluie, nous nous servons, dans les petits parcs, de toiture en paille de seigle, qui se placent et s'enlèvent à volonté, et qui débordent de 20 à 25 centimètres des quatre côtés ; mais lorsqu'on porte les cages aux champs, tantôt dans un endroit, tantôt dans un autre, il est de toute nécessité, si la toile n'est pas imperméable, d'en recouvrir le tout d'un tissu ciré ou rendu imperméable par tout autre procédé.

Nourriture des poulets.

Nous avons dit ce que doit être la nourriture des premiers jours. On ne tarde pas à joindre le sarrasin ou l'orge au millet et au froment pour faire peu à peu disparaître ces deux derniers grains. On donne de plus, tous les jours, une pâtée composée de grosse farine de n'importe quel grain, d'un peu d'herbage haché et de mie de pain, adorée des poulets et qui corrige ce que la farine a de trop pâteux. Lorsque le vin est à bas prix, on le fait entrer avec avantage dans la composition de la pâtée, dans la proportion de 1[3 de vin et de 2[3 d'eau. Le vin donne de la vigueur aux poulets. Ce régime dure jusqu'à l'âge de six semaines ; mais on a de bonne heure remplacé la mie de pain par du son et du tourteau. Alors on peut mettre les poulets au régime des poules, régime qui fait l'objet du chapitre II, 3e partie. Si les poulets sont chaque jour portés aux champs, ils consomment peu de ce qui leur est offert et se nourrissent presque exclusivement de vers, d'insectes et d'herbage. Autant qu'on le peut, on change la cage de place plusieurs fois par jour; dans les petits parcs, on se borne à la mettre tous les matins dans une place autre que celle où elle était la veille.

Transformation du tout ou partie du couvoir en poulailler.

Vers l'âge de trois mois, on installe tous les poulets dans un poulailler ambulant (un simple poulailler à bras établi sur deux petites roues, qu'un seul homme conduit et ramène des champs, peut contenir 150 à 200 poulets); ou bien l'on transforme tout ou partie du couvoir en poulailler à l'usage des poulets, et l'on donne accès à toute la troupe dans le parc à ce destiné, parc qui n'est que la répétition de celui des pondeuses, où il est chaque jour mis à leur disposition, au moyen de filets tendus, comme nous l'avons expliqué, un espace de terrain garni d'herbages divers fort de leur goût.

Pour transformer le couvoir en poulailler, après avoir enlevé et lavé les toiles, qui sont serrées en lieu sûr, on nettoie les loges à fond et on les suspend aux soliveaux, tout autour des murailles; puis on établit un juchoir, à barres très-rapprochées, divisé en plusieurs panneaux, qui serve tous les ans, de grandeur proportionnelle à la quantité de poulets qui doivent l'occuper. Le tiers de l'espace accordé aux pondeuses est suffisant, parce que, au fur et à mesure que se développent les poulets, on en fait disparaître presque tous les coqs, ne réservant que ceux destinés à remplacer les coqs à réformer des pondeuses. Un réceptacle à guano, aussi composé de plusieurs panneaux, et qui sert exactement chaque année, est placé sous le juchoir, de manière à laisser libre tout le sol du poulailler; un treillage ou filet entoure le réceptacle à guano. Bref, ce poulailler temporaire est muni de tous les accessoirs, sauf les pondoirs, dont est garni le logement des poules. La transformation a lieu en quelques instants, parce que tous les objets sont chaque année, lorsqu'on installe les couveuses, réparés, s'il en est besoin, et soigneusement remisés. Le guano des poulets reçoit les mêmes soins que celui des pondeuses.

Dès que l'hiver se fait sentir, les poulettes et les coqs qui sont destinés à faire partie du troupeau des pondeuses sont introduits dans leur poulailler, d'où les coqs réformés doivent en même temps disparaître, s'il en reste encore à cette époque de l'année. Nous reviendrons sur ce point. Il n'y a plus alors dans le couvoir que des sujets pour la vente. C'est là qu'on opère l'engraissement des poules réformées et des chapons.

Elevage par les dindes.

L'élevage par la dinde est excessivement avantageux, parce qu'elle se laisse diriger et conduire au pâturage entourée de sa famille adoptive, qu'elle ne cesse d'engager à la suivre, ce qu'il est impossible, nous l'avons dit, d'obtenir d'une poule.

Pour faire accepter les poussins aux dindes, on commence par faire naître en elles le désir de l'incubation, comme nous l'avons indiqué, puis on leur donne dans la nuit des poussins âgés seulement de quelques jours. En mettant les poussins, on retire les œufs placés sous la dinde, qui s'imagine avoir achevé son travail d'incubation et adopte sans façon les nouveaux venus. On peut lui en donner jusqu'a cinquante ; dépasser ce nombre n'est pas prudent. Malgré toute sa bonne volonté, la mère ne pourrait abriter tous ses enfants d'adoption. La dinde, moins intelligente ou d'humeur plus douce que la poule, ne tue pas ordinairement les poussins étrangers qui viennent dans son nid s'ils sont de même grosseur et s'ils ont le même aspect que les siens ; elle ne distingue probablement pas les uns des autres. Le cultivateur met à profit cette qualité ou ce défaut en plaçant en même temps plusieurs dindes et leurs familles dans la même pièce. Elles s'habituent à la vie commune, et leur conduite au pâturage,

lorsque les poussins sont assez forts, présente la plus grande
facilité. C'est, nous le répétons, l'un des genres d'élevage
les plus économiques, parce que, dès que les poulets
peuvent suivre les dindes au dehors, ils ne consomment
presque plus de nourriture à la ferme : les vers, les insectes,
les herbes et les graines perdues leur suffisent et ils demeu-
rent les sujets les plus robustes du poulailler.

Elevage semi-artificiel.

Nous en avons dit quelques mots à propos de l'incubation
artificielle ; nous allons maintenant le faire connaître.

La dinde offre, nous venons de le voir, de grands et in-
contestables avantages pour l'élevage économique des poulets,
mais on ne peut pas lui en donner plus de cinquante. Nous
avons cherché à lui en faire élever un plus grand nombre,
et nous y sommes parvenus au moyen de l'appareil que nous
allons décrire :

On prend un morceau de fer, dit feuillard, de 3 à 4 millimètres d'épaisseur, 2 centimètres de largeur et long de 1
mètre 3 centimètres; on lui donne, à la forge, une courbe
régulière sur champ, de manière que ses deux extrémités
soient à 76 centimètres l'une de l'autre, et qu'en menant une
ligne par lesdites extrémités, le point le plus éloigné de la
courbe se trouve perpendiculairement à 29 centimètres du
milieu de la ligne supposée. On établit cette portion de circonférence sur trois petits pieds placés à chacune des extrémités et au milieu. Pour faire ces pieds, qui doivent avoir
chacun 5 centimètres de hauteur, avec un prolongement, à
leur partie supérieure, de 20 centimètres, on se sert d'un
feuillard de 25 centimètres de long, que l'on coude à 5 centimètres, de manière que, l'appareil étant posé sur ses trois
pieds, l'extrémité du prolongement de chaque pied se trouve
à 8 centimètres au-dessus du sol. L'on dirige l'un vers l'autre

les prolongements des pieds des deux extrémités, et, vers le milieu de la ligne brisée que formeraient ces prolongements s'ils étaient assez longs pour se rencontrer, le prolongement du pied du milieu de la portion de circonférence. Cela fait, on prend un morceau de feuillard de 40 centimètres de long, que l'on courbe et que l'on fixe sur les extrémités des prolongements des trois pieds ; puis on garnit l'intérieur de cette portion d'appareil, ce n'est qu'une moitié, d'une peau de mouton à longue laine, la laine en dedans, peau retombant librement sur le sol, sauf la portion de circonférence posée à l'extrémité des prolongements des pieds. Cette partie de l'appareil, privée de peau, reste ouverte. On en construit une autre moitié exactement semblable à celle que nous venons de décrire. La mère artificielle est alors complète. La partie supérieure de chaque moitié de l'appareil sert de base à une sorte de cône, en fort carton, en minces feuilles de métal ou en planchettes légères, qui l'entoure de toute part et ne permet ni aux poussins ni à la dinde de se placer dessus. Ces cônes sont remplis de balles de froment ou de balles d'avoine.

Voici maintenant comment on opère. On place les deux moitiés de l'appareil vis-à-vis l'une de l'autre, de manière à laisser entre leurs extrémités un espace libre de 15, 20 à 25 centimètres, selon la grosseur de la dinde. Pour prévenir tout dérangement, on fixe les pieds de la mère artificielle au plancher au moyen de quelques pointes qui l'empêchent d'osciller, mais non d'être enlevée quand besoin est. Le milieu de l'appareil a la forme d'un nid qui serait ouvert en avant et en arrière. C'est dans ce milieu qu'on établit la dinde et qu'on la détermine à couver. Lorsque les poussins qu'elle doit élever ont cinq à six jours, on en introduit la nuit le tiers environ dans son nid, dont on retire les œufs. Le lendemain on ôte la paille du nid, ce qui n'empêche pas la dinde de continuer à s'y placer : cet oiseau affectionne beaucoup plus son nid que la poule ; dans le cas contraire, on l'y contraint. La nuit suivante, on lui donne un autre tiers des poussins ou même tout le reste. On peut mettre ainsi après une dinde de 100 à 150 poussins. Voici ce qui se passe : dans les premiers jours, la dinde couvre de son corps et de ses ailes tout son petit monde ; mais cela ne dure pas longtemps, les poussins profitent, et bientôt la mère dinde est impuissante à les couvrir tous. Heureusement la mère artificielle est là. Lorsque la dinde agroupe sa famille adoptive, une partie des poussins trouvent place sous elle ; les autres refluent à droite et à gauche sous la mère artificielle, qui, grâce à la chaleur de la dinde et des petits pressés les uns contre les autres, acquirent en quelques instants la température utile. Ce ne sont pas, on le comprend, toujours les mêmes poussins qui se trouvent sous la dinde et, conséquemment, ni toujours les mêmes qui prennent place sous la mère artificielle : il y a changement continuel, et tous jouissent du contact de la dinde. Le va-et-vient est d'autant plus facile que, à droite et à gauche de la mère naturelle, les deux côtés de l'appareil, dans leurs parties formant circonférence, n'ont pas, nous l'avons dit, de peau de mouton tombant sur le sol. Les ailes de la dinde peuvent, jusqu'a un certain point, s'étendre sous la mère artificielle, et c'est ce qui arrive. Notre mère artificielle n'est donc que la puissance doublée, triplée de la mère naturelle ou d'adoption.

La dinde se place toujours dans le sens des deux ouvertures correspondantes du nid, dont la forme et aussi les cônes établis sur les deux moitiés de l'appareil ne lui permettent pas une autre position. Généralement la dinde entre par un côté du nid et sort par l'autre. Cette manœuvre est très-favorable à la sûreté des poussins, parfois blessés par les pattes un peu lourdes de leur mère d'adoption. Quant à eux, ils peuvent entrer sous la mère artificielle et en sortir de tous les côtés ; aussitôt après leur passage, la peau de mouton retombe sur le sol. Lorsqu'on s'aperçoit que, par suite de leur accroissement, la mère artificielle n'est plus assez haute, on lui en substitue une autre à plus grandes proportions. L'emplacement de la mère artificielle et de la dinde doit être nettoyé tous les jours, et la peau de mouton lavée quand besoin est.

Les dindes ne faisant aucun mal, nous avons dit dans quelles conditions, aux poussins élevés par d'autres dindes, les caisses à élevage et les parcs séparés ne sont plus aussi utiles. On peut loger plusieurs dindes et leurs familles adoptives dans la même pièce ; il suffit de placer sur chaque mère artificielle une vaste mue qui laisse à la dinde l'espace nécessaire pour circuler autour de l'appareil sans le salir de ses déjections. Le manger et la boisson des petites familles sont placés en dehors des mues.

On conduit les poussins au pâturage en dirigeant les dindes. Mais lorsque les premiers sont trop jeunes pour rester sans être abrités, on porte sur le terrain, qui, dans ce cas, doit être proche de l'habitation, la mue, sous laquelle on place la dinde et la mère artificielle. Le dessus de la mue doit être recouvert d'une toile et d'un paillasson. Lorsque les familles ont cinq à six semaines, ces précautions ne sont plus nécessaires. On les conduit aux champs, grâce aux mères d'adoption, bien entendu, comme un troupeau de dindons, et rien n'est plus joli que de voir trottinant et couvrant le terrain quatre à cinq cents poulets, à la tête desquels marchent gravement trois ou quatre dindes. Les poulets sont trop nombreux pour tenir, au moyen d'une ficelle, les dindes à la même place pendant toute une matinée ou toute une soirée. On les laisse aller librement, en veillant seulement à ce qu'elles ne s'éloignent pas trop les unes des autres.

La mère artificielle, que nous avons décrite et dont nous venons de faire connaître l'application, est, pensons-nous, appelée à rendre de sérieux services. Dix millions de poules, au moins, sont tous les ans en France occupées à l'incubation pendant trois semaines et à l'élevage pendant deux mois. Mais il n'y a pas plus du quart des exploitations où l'on élève 120 poulets chaque année. 2 millions 500 mille poules seulement peuvent donc, après l'incubation, être rendues à la ponte. Dans l'état présent, en ne comptant que sept semaines d'élevage seulement c'est une perte de 28 à 30 œufs par poule, total 70 millions d'œufs, qui, au prix minimum (*voyez* le chapitre III, troisième partie) de 52 fr. 80 c. le mille, donnent 3 millions 696 mille francs, dont il faut diminuer le coût de la nourriture, pendant les six mois de la mauvaise saison, de 300,000 dindes, soit 1,200,000 fr., dépense que nous exagérons à dessein. La généralisation de l'application de l'élevage semi-naturel que nous venons de faire connaître amènerait donc, chaque année, un accroissement de produit en œufs de 2,496,000 fr., auxquels il faut ajouter la valeur, au moins 1,400,000 fr., de guano recueilli, produit annuellement par 300,000 dindes, et aussi l'économie de nourriture des poulets procurée par leur parcours à la suite des dindes pendant la belle saison, économie qu'on ne peut, au minimum, estimer à moins de 50 c. par tête, ce qui donne, pour 12 millions de poulets seulement, nous faisons une large part aux accidents, une somme de 6 millions ; total, 9 millions 896 mille francs, dont l'agriculture française peut chaque année bénéficier.

Si un jour l'incubation artificielle entre dans la pratique, c'est, croyons-nous, à la dinde, complétée par notre mère artificielle, qu'il faudra demander l'élevage, et non pas à des étuves, des serres chaudes, qui, si elles empêchent quelquefois les sujets de mourir, ne peuvent leur donner ni vigueur ni qualité.

X.

CHOIX DU COQ.

Son épuisement. — Castration, etc.

Est-il besoin de répéter ici que les sujets des deux sexes les plus beaux et les plus vigoureux doivent être choisis pour reproducteurs? Inutile, croyons-nous, de discourir sur ce point. Nous ne pensons pas devoir davantage nous étendre sur une foule de minuties qui caractérisent plus ou moins les bons coqs : décrire leurs formes, leur plumage, leur démarche, leur chant divers, etc., toutes choses que non-seulement la dernière fille de basse-cour, mais que tout le monde sait aussi bien que nous. Presque tous les coqs, lorsqu'ils sont jeunes, sont aptes au service qu'on attend d'eux ; il n'y a qu'à choisir les mieux constitués, et parmi ces derniers ceux qui prennent le plus de soin des poules, c'est-à-dire qui les appellent pour leur partager une trouvaille et sont toujours prêts à les défendre.

Les coqs font ordinairement auprès des poules un service satisfaisant jusqu'à l'âge de trois à quatre ans, mais il n'est pas prudent de s'y fier, et il est préférable de les changer tous les deux ans. Du reste, les cultivateurs qui, à côté de leur troupeau de pondeuses, entretiendront séparément quelques poules et un coq d'élite, afin d'obtenir des œufs de sujets de choix pour l'incubation, n'auront besoin d'avoir qu'un seul coq parmi leurs pondeuses, et peu importe qu'il soit vieux ou jeune, le premier cas est préférable : les poules pondent tout autant ; les œufs, n'étant pas fécondés, se conservent mieux ; on évite les querelles ; enfin, on économise la nourriture d'un coq par douze à quinze poules.

Le coq de race commune, la seule race dont le cultivateur sérieux doive s'occuper, est un étalon capable de produire de beaux et forts sujets à l'âge de six à huit mois.

La castration ou chaponnage du coq a pour résultat, personne ne l'ignore, d'éteindre chez lui tout désir de l'accouplement, conséquemment l'inquiétude, la jalousie, l'activité qui le dévorent, et de faire tourner à la production de la viande et de la graisse des éléments qui, avant la castration, concouraient à un tout autre but. En effet, le coq fait chapon perd tout à coup ses allures de la veille : il devient timide, indifférent, ne s'occupe plus des poules, fuit les coqs, va seul au pâturage ou avec ses pareils, et ne semble plus vivre que pour manger et dormir. Il n'a cependant pas perdu toute sensibilité ; peut-être même ce sentiment s'est-il, au contraire, accru. Le chapon s'attache facilement aux jeunes poussins qu'on lui donne parfois à élever. On amène les chapons à cette fonction par des procédés analogues à ceux appliqués aux dindes dont on veut faire des couveuses ou des mères d'adoption. Deux moyens sont surtout employés :

1° On enivre le chapon avec du vin ou de l'eau-de-vie étendus d'eau ; on le met dans un nid fermé de couveuses où le jour ne pénètre pas, et où il s'endort ; puis on place sous lui quelques poussins qu'il trouve dans ses plumes à son réveil, et auxquels il prend ordinairement de suite intérêt.

2° On arrache au chapon les plumes du ventre et on frappe la partie nue avec des orties ; on le place dans un nid fermé et obscur avec un ou deux poussins, dont le contact atténue sans doute la douleur qu'il ressent au ventre, car il les agroupe au lieu de chercher à les éloigner ; il s'habitue ainsi à leur présence et s'y attache promptement. On lui donne ensuite, en une ou deux fois, tous les poussins qu'il doit conduire.

Assez souvent, pour plus de succès, on applique en même temps les deux procédés. Quelques chapons ne peuvent ou ne veulent pas glousser comme les poules mères, bien qu'ayant les meilleurs sentiments pour les poussins qu'on leur confie. A ces chapons on attache, comme aux dindes, une sonnette au cou.

L'avantage que procure l'élevage des poulets par les chapons ne nous paraît pas bien démontré, parce que les chapons ne se laissent pas conduire au pâturage, et qu'il faut les nourrir pendant qu'ils élèvent et les trois quarts de l'année pendant lesquels ils ne sont pas utilisés.

Nous ne décrirons pas l'opération du chaponnage, parfaitement connue de toutes les femmes des cultivateurs, et qui consiste, après une incision *ad hoc*, à enlever plus ou moins adroitement les deux testicules des coqs. Il se mêle à cet acte, dans un grand nombre de contrées, des idées superstitieuses, dont presque toutes les opératrices, ce sont toujours les femmes qui chaponnent, sont imbues. Il est certain, positif, indéniable, à ce que disent ces dames, que si *un homme* de la maison ou étranger à la maison, peu importe, pénètre dans la pièce où elles opèrent ou seulement cherche à voir ce qui s'y passe, tous les coqs faits chapons redeviennent coqs, moins la crête qui ne repousse plus, sont aptes à la reproduction et plus ardents qu'avant d'avoir été opérés. Il y a des localités où telle femme a une réputation de chaponneuse supérieure, et est appelée dans les fermes à plusieurs lieues à la ronde. Un peu de mystérieux s'attache toujours à elle : elle n'est pas une sorcière, mais elle pourrait bien en être la petite cousine. Nous avons le bonheur de posséder, non loin de notre exploitation, une aussi précieuse personne. Trois années de suite nous lui avons fait faire nos chapons, qui, en définitive, restaient des coqs, selon nous, et redevenaient coqs, selon elle et toute la gent féminine du voisinage. Le résultat était toujours le même. Toujours aussi, paraît-il, un homme était entré dans la pièce pendant les opérations, sans mauvaise intention et pour un motif quelconque, ou avait regardé par la fenêtre. Nous ne pûmes jamais obtenir qu'elle travaillât en notre présence. Elle nous déclara que les malheureux opérés dans de pareilles conditions moureraient infailliblement.

8*

DE

L'ENGRAIS POUR RIEN

SA PRODUCTION ET SA CONFECTION A LA FERME

LES CULTURES TOUJOURS RÉMUNÉRATRICES

DE GROS PROFITS

Les personnes qui éprouveraient quelque difficulté à se procurer par l'intermédiaire de leur libraire les autres ouvrages de M. N. Delagarde, annoncés au commencement de ce volume et sur la couverture, sont priées de s'adresser directement à l'auteur, aux Chevaliers, commune d'Usseau, près Châtellerault (Vienne). On recevra le livre demandé FRANCO par la poste contre mandat-poste ou timbres-poste.

TROISIÈME PARTIE.

I.

NOURRITURE DES POULES.

Nous abordons ici la question capitale de l'entretien avec profit des poules pondeuses.

Deux systèmes sont en présence :

1° Celui appliqué par la masse des cultivateurs, qui consiste à ne donner aux pondeuses une nourriture plus ou moins substantielle et un peu suffisante qu'à l'approche de l'époque naturelle de la ponte et pendant qu'elle a lieu, et à les maintenir à la diète le reste de l'année;

2° Le système qui, basant la quantité de nourriture à fournir sur le poids de l'animal, le rationne.

Le premier mode est tout simplement stupide, et le second laisse beaucoup à désirer.

Dans le premier cas, il est bien évident que les poules auxquelles on ne donne pendant l'hiver que tout juste de quoi ne pas mourir de faim, ne peuvent commencer à pondre que très tard, parce qu'il faut d'abord que chacune d'elles acquiert l'état d'embonpoint voulu par sa constitution, au moyen de la nourriture que l'on se décide alors à lui donner et des insectes, des vers et des herbes qui se montrent aux premiers beaux jours. Dans ce système d'entretien, non-seulement on n'obtient pas d'œufs pendant l'hiver, mais on n'en obtient que très-tard et lorsque les pondeuses rationnellement entretenues en ont chacune donné de cinquante à soixante-dix. De plus, depuis le commencement de la moisson jusqu'au commencement de l'hiver, les poules sont *supposées* trouver, dans leur parcours à quelques centaines de mètres autour de l'exploitation et dans la cour, une nourriture suffisante; ce qui est vrai pendant quelques semaines seulement, parce que les volailles, battant toujours le même terrain, ne peuvent trouver le lendemain le grain avalé la veille. D'ailleurs les graines, bonnes et mauvaises, plus ou moins enterrées par le piétinement des animaux de tout genre, gros et petits, qui parcourent sans cesse, surtout proche l'exploitation, les terres dépouillées de leurs récoltes, germent à la moindre pluie, perdant ainsi la plus grande partie de leurs qualités nutritives. C'est au moment où cesse cette ressource, bien exagérée, que les premières atteintes de la mue se font sentir, et la ponte s'arrête ainsi en septembre, pour ne recommencer souvent qu'en avril. Avec ce système on n'obtient certainement pas plus de cinquante à soixante œufs par poule. Nous savons bien que, dans le troupeau de pondeuses qui peuplent une ferme, il y a parfois quelques bêtes d'élite qui, soit que, poussant plus loin au pâturage, elles trouvent des graines, des vers, des insectes et des herbes qui font défaut aux autres pondeuses; soit que, plus actives sur les fumiers et dans les écuries, elles se procurent un surcroît de pitence; soit que, absorbant, dans un temps donné, une plus grande quantité de la nourriture distribuée que leurs camarades; soit enfin que, pourvues d'un estomac mieux conditionné, elles s'assimilent une plus forte proportion de la nourriture consommée, pondent tard et de bonne heure. Mais ces bêtes sont des exceptions, toujours en très-petit nombre, et nous connaissons des fermes où il y a quatre-vingts à cent poules dont on n'obtient pas cent œufs du 1er novembre au 1er mars.

Le système qui consiste à déterminer la quantité de nourriture qui doit être fournie à un animal d'après son poids a certainement sa valeur, et il faut savoir gré aux savants qui l'ont formulé; mais les indications qu'il fournit ne doivent encore être considérées que comme des jalons et non être prises au pied de la lettre. Un cultivateur qui appliquerait rigoureusement ce système éprouverait parfois de graves mécomptes; il nous sera facile de le démontrer.

En effet, selon l'âge, le volume de l'animal mis en observation, selon l'état de son estomac, selon la température, le rapport de la ration d'entretien au poids vif n'est plus le même.

Les jeunes animaux consomment plus que les vieux, parce qu'ils ont à fournir, en outre de leur entretien, au complément de leur accroissement.

Si l'on prend deux animaux de même espèce, de même âge et de même poids, il arrivera souvent que la ration d'entretien de l'un sera insuffisante ou trop forte pour l'autre, parce que celui des deux dont les organes digestifs sont les plus parfaits *s'assimilera* une plus grande somme de substances nutritives que l'autre. Quel est le cultivateur qui n'a pas souvent remarqué que, parmi ses travailleurs et parmi ses animaux, il y en avait qui consommaient une moins forte quantité d'aliments que les autres, quoique se maintenant dans le même état et fournissant la même somme de travail ou de produit? Affaire de constitution d'estomac.

Selon la température, la ration d'entretien peut varier presque du simple au double. L'homme le moins observateur sait qu'il consomme plus d'aliments lorsque le temps est froid que lorsqu'il est chaud. Letellier, dans ses expériences sur la respiration des petits animaux, a constaté qu'à la température de zéro ces animaux brûlent une quantité de carbone généralement double de celle qu'ils consomment à la température de 40 degrés. Or, où est pour l'homme et pour les animaux la source du carbone qu'ils consomment? Dans les aliments qu'ils absorbent.

Enfin, la ration de production, de travail, varie d'un jour à l'autre, selon la fatigue éprouvée par le travailleur, homme ou bête.

Pour ces motifs, nous n'admettons pas comme rationnel le système du *rationnement,* ni pour les hommes ni pour les animaux, lorsque surtout des uns et des autres on exige un travail, ou des derniers un produit : lait, chair, graisse, œufs, etc.

Il n'y a pas à lésiner, les pondeuses doivent toujours avoir de la nourriture à discrétion. Plus elles consomment, plus elles donnent de profits aux cultivateurs. Nous sommes, croyons-nous, dispensé de traiter la question, en ce qui concerne spécialement les poules, par les considérations que nous venons d'exposer.

Quelle est la nourriture la plus favorable aux poules?

Nous allons passer en revue les aliments généralement employés, ceux proposés ; puis nous ferons connaître le résultat de nos propres expériences dans le chapitre suivant.

Cette question de l'alimentation des volailles a été traitée, il y a bien des siècles, comme elle pouvait l'être alors. Voici ce qu'à ce sujet a écrit Columelle :

« *De cibariis gallinarum:*

» Cibariis gallinis præbentur optima, pinsitum hordeum
» et vicia, nec minus cicercula, tum etiam nullium, aut
» panicum : sed hæc ubi vilitas annonæ permittit. Ubi vero
» ea est carior, excreta tritici minuta commode dantur; nam
» per se id frumentum, etiam quibus locis vilissimum est,
» non utiliter præbetur, quia obest avibus. Potest etiam
» lolium decoctum objici, nec minus furfures modice a
» farina excreti; qui si nihil habent farris, non sunt idonei,
» nec tantum appetuntur. Jejunis cytisi folia, seminaque
» maxime probantur, ut sunt huic generi gratissima : neque
» est ulla regio in qua non possit hujus arbusculæ copia esse
» vel maxima. Vinacea quamvis tolerabiliter pascant, dari
» non debent, nisi quibus temporibus anni avis fœtus non
» edit; nam et partus raro, et ova faciunt exigua; sed quum
» plane post autumnum cessant a fœtu, possunt hoc cibo
» sustineri. Attamen quæcumque dabitur esca per cohortem
» vagantibus, die incipiente, et jam in vesperum declinante,
» bis dividenda est, ut et mane non protinus a cubili latius
» evagentur, et ante crepusculum propter cibi spem tempo-
» ribus ad officinam redeant, possitque numerus capitum
» sæpius recognosci. Nam volatile pecus facile pastoris cus-
» todiam decipit. Siccus etiam pulvis et cinis, ubicumque
» cohortem porticus vel tectum protegit, juxta parietes, repo-
» nendus est, ut sit quo aves se perfundant; nam his rebus
» plumam pennasque emundant.

» ..... Gallina post primam emitti, et ante horam diei unde-
» cimam claudi debet : cujus vagæ cultus hic, quem diximus,

» erit ; nec tamen alius clausæ, nisi quod ea non emittitur,
» sed intra ornithonem ter die pascitur majore mensura ;
» nam singulis capitibus quaterni cyathi diurna cibaria sunt,
» quum vagis terni, vel bini præbeantur. Habere etiam clau-
» sum oportet amplum vestibulum, quo prodeat, et ubi aprice-
» tur... Quas impensas et curas, nisi locis quibus harum rerum
» vigent pretia non expedit adhiberi. » — (Lib. VIII, cap. V.)

« .... Cibis idoneis fecunditas earum elicienda est, quo matu-
» rius partum edant. Optime præbetur ad satietatem hordeum
» semicoctum : nam et majus facit ovorum incrementum, et
» frequentiores partus ; sed is cibus quasi condiendus est
» interjectis cytisi foliis ac semine ejusdem, quæ utraque
» maxime putantur augere fecunditatem avium. Modus
» autem cibarium sit ut dixi, vagis binorum cyathorum
» hordei ; aliquid tamen admiscendum erit cytisi, vel, si non
» id fuerit, viciæ aut milii. » — (Lib. VIII, cap. V.)

Traduction :

« Des différentes nourritures des poules.

» On donne aux poules, comme excellente nourriture,
» l'orge moulue, la vesce également bien, le pois chiche et
» aussi le millet ou le panic ; mais on ne leur donne de cela
» que quand le bas prix des denrées le permet. Si les récoltes
» sont trop chères, on donne avantageusement les (menues)
» criblures de froment. Je dis quand la récolte est chère, car
» dans les lieux mêmes où ce menu froment est à vil prix, il
» serait presque plus utile de ne le pas donner aux volailles,
» auxquelles il est nuisible (1). On peut aussi leur donner de

---

(1) Nous n'avons jamais constaté rien de pareil. Il est vrai que
nous n'avons jamais donné du froment pur à nos poules, mais
toujours associé à d'autres substances. Quoi qu'il en soit,
cette opinion de Columelle est connue dans nos campagnes. Cependant nous n'avons pas vu un seul cultivateur nous déclarer

» l'ivraie cuite dans de l'eau, non moins du son pas trop mai-
» gre, lequel son, s'il est complétement dépourvu de farine,
» n'est pas propre à nourrir les volailles, qui, du reste, n'en
» veulent même pas. Les feuilles et surtout la graine de cytise
» sont d'un bon effet pour les poules non remplies ; elles en
» sont même friandes, et il n'y a pas de contrée où cet
» arbrisseau ne puisse venir en très-grande abondance.
» Quoique les pepins de raisin nourrissent passablement, il
» ne faut pas cependant en donner, à moins qu'on ne soit
» dans les temps de l'année où la volaille ne pond pas, car ils
» font peu pondre et n'occasionnent que de petits œufs. Mais
» lorsqu'après l'automne les poules ont complétement cessé
» de pondre, alors on peut les entretenir par cette nourri-
» ture. Toutefois, quelle que soit l'espèce de nourriture que
» l'on donne à la basse-cour voyageuse, il faut la leur distri-
» buer à deux fois, au commencement et vers le déclin du
» jour, afin que le matin les poules n'aillent pas courir trop
» loin sitôt après leur sortie du poulailler, et que le soir
» l'appât de la nourriture les fasse rendre à la basse-cour
» avant le crépuscule. De cette façon, on pourra fréquem-
» ment vérifier le nombre des têtes, ce qui est loin d'être
» inutile, car le troupeau volatile trompe facilement la sur-
» veillance de son gardien. Autre recommandation utile :
» on doit déposer le long des murs, là où le troupeau ailé sera
» protégé par un porche ou une toiture quelconque, de la pous-
» sière et de la cendre sèche, dans quoi les poules pourront se
» rouler, car, par ce moyen, elles se nettoient les plumes et les
» ailes. La poule doit être lâchée après la première heure du
» jour et renfermée avant la onzième. Ce sont là les soins qu'on

avoir constaté la chose. Tous répondent : « On dit...; » rien de
plus. Si les poules nourries exclusivement avec du froment,
qu'elles aiment beaucoup, ne s'en trouvent pas bien, cela provient, sans doute, de la forte proportion de gluten que contient
cette céréale, gluten qui, pendant la fermentation dans l'estomac, fait prendre à la masse un volume trop considérable.

» doit donner à la poule qui court en toute liberté. Les mêmes
» soins doivent être donnés pour la poule que l'on tient ren-
» fermée, si ce n'est qu'on ne laisse pas sortir celle-ci, et que
» dans sa volière même on lui donne par une triple ration
» une plus forte quantité de nourriture qu'à l'autre. Il faut à
» chaque tête comme nourriture de la journée quatre cya-
» thes (1), et à la poule voyageuse trois ou même deux suffi-
» sent. Il faut aussi avoir un ample vestibule renfermé où la
» poule puisse sortir et se réchauffer aux rayons du soleil.
» Ces dernières dépenses et ces soins ne sont bons à em-
» ployer que là où l'on tire un parti avantageux des vo-
» lailles. » — (Liv. VIII, ch. V.)

« ..... Pour que les poules pondent plus tôt, il est bon
» d'exciter leur fécondité ; pour cet effet, on leur donne très-
» bien à satiété de l'orge demi-cuite, qui donne plus de gros-
» seur aux œufs et les rend plus fréquents. Mais il faut
» comme assaisonner cette nourriture en y mélangeant des
» feuilles et de la graine de cytise, qui possèdent à un haut
» point la renommée d'augmenter la fécondité des oiseaux.
» Qu'on nourrisse, comme j'ai dit plus haut, les vagabondes
» en leur donnant deux cyathes d'orge, auquel on mêle un
» peu de cytise ou, à défaut de cytise, de la vesce ou du
» millet. » — (Liv. VIII, ch. V.)

Comme on le voit, les Romains en savaient déjà long sur
le sujet qui nous occupe.

Orge.

L'orge est, aujourd'hui comme du temps de Columelle, la
nourriture préférée par les poules. Malheureusement l'emploi
de cette céréale non-seulement à la panification, mais encore
à la confection des bières, en maintient généralement les

---

(1) Petite mesure contenant quatre cuillerées à peu près,
chacune, selon Suida, valant deux onces.

prix trop élevés eu égard à sa valeur nutritive, qui est à peu
près celle du sarrasin.

Avoine.

L'avoine est encore pour les poules une bonne nourriture,
mais ne vaut pas l'orge. Beaucoup moins riche en azote, moins
riche en carbone, plus chargé de matières grasses, ce grain
favorise plutôt l'engraissement que la ponte. On a indiqué la
quantité de 62 grammes d'avoine par jour pour la ration de
production d'une poule de moyenne taille. Cette désignation
est bien vague; en tout cas, la poule de moyenne taille ne
pesât-elle qu'un kilogramme, que 62 grammes d'avoine seraient tout à fait insuffisants.

Sarrasin.

Très-bonne nourriture pour les pondeuses. Ses qualités le
placent immédiatement après l'orge. On a indiqué 45 grammes
par jour pour la ration de production d'une poule de moyenne
taille : c'est parfaitement insuffisant. La culture de cette céréale en terre calcaire ne donne souvent que de la paille ; en
tous terrains sa fleur coule facilement, mais elle a sur toutes
les autres céréales cet avantage de pouvoir être semée jusqu'au 1er août dans le centre de la France. Bien qu'en
principe cette pratique ne soit pas à recommander, nous
avons quelquefois fait deux récoltes de sarrasin la même
année sur le même sol, et, lorsque le temps lui était favorable,
la seconde moisson était à peu près aussi abondante que la
première. Le sarrasin est une plante précieuse non-seulement pour les facilités qu'offre sa culture (1) [nous en avons
souvent semé le 15 avril et récolté au commencement de

(1) *Voir* les *Cultures en lignes et les doubles Récoltes,* par
N. Delagarde.

juillet, et semé au milieu de juillet et récolté au milieu d'octobre], mais aussi pour sa grande richesse en principes plastiques, ce qui le fera plus rechercher qu'il ne l'est des populations lorsqu'elles sauront que les qualités nutritives du pain ne proviennent ni de sa blancheur ni d'une boursouflure exagérée. Le rendement du sarrasin est très-variable. Nous considérons 25 hectolitres à l'hectare comme une très-bonne récolte, bien que nous ayons parfois obtenu davantage ; mais le plus souvent c'est de 16 à 20 hectolitres. En le coupant, le mettant en gerbes et le chargeant, on en perd beaucoup. Nous le lions sur une toile. Lorsque sa maturité est très-tardive, on perd encore beaucoup de grains qui restent dans la paille si le temps ne permet pas de le rentrer sec. Il existe une variété de sarrasin, dite de Tartarie, obstinément refusée par les poules, et dont le grain a d'ailleurs moins de valeur nutritive.

Maïs.

Le grain de maïs, très-riche en matières grasses, concourt plus à la production de la graisse qu'à celle des œufs ; mais, associé à d'autres substances, il peut néanmoins entrer pour moitié dans l'alimentation des pondeuses. Les grains de maïs sont généralement un peu gros pour être donnés dans leur état naturel ; cependant, lorsque les poules y sont habituées, elles avalent le gros jaune sans difficulté. Il y a deux variétés à petits grains : le maïs à poulet et le maïs quarantain. Le premier est trop peu productif pour en conseiller la culture. Le rendement du second est plus abondant, et cette variété peut être cultivée avec d'autant plus d'avantage qu'on peut encore le semer (1) au commencement de juillet dans le centre de la France, à une époque où l'on est déjà fixé sur le rendement probable des autres céréales. Le produit en grain varie dans de larges limites, selon le degré de fertilité du sol

(1) *Voir* les *Cultures en lignes et les doubles Récoltes.*

et les façons qu'il est indispensable de donner au maïs durant la végétation. Les gros maïs donnent beaucoup plus que le quarantain, et leur culture est appelée à une grande extension.

Seigle.

Ce grain est très-relâchant et ne peut entrer que pour une faible partie dans l'alimentation des volailles. Mieux vaut ne pas leur en donner du tout.

Millet.

Le millet ou panis n'est donné qu'aux jeunes poussins. C'est un grain, très-riche en principes nutritifs, qu'on doit associer à d'autres substances. Sa culture exige un terrain plutôt léger que consistant, frais et de bonne qualité, trois conditions qu'on ne trouve pas toujours réunies.

Vesce.

La vesce est très-nourrissante, mais aussi très-échauffante, et ne doit entrer dans l'alimentation des poules que pour moitié au plus. La culture de la vesce est connue de tous.

Soleil, tournesol, hélianthe.

Le soleil offre de grandes ressources pour la nourriture des volailles; mais en ce qui concerne l'entretien des poules pondeuses, ses qualités sont exagérées : son grain, bien fourni en azote, il est vrai, l'est beaucoup trop en matières grasses et, conséquemment, pousse surtout à la graisse. Il ne doit donc entrer que pour un tiers, au plus, dans l'alimentation des pondeuses. La culture du soleil, qui n'offre aucune difficulté, devrait être et sera probablement un jour beaucoup plus répandue qu'elle ne l'est actuellement. Cette plante donne beaucoup, mais exige beaucoup. Toute terre lui convient si elle est très-fertile ou rendue telle et si elle n'est pas de nature trop sèche (1). Nous ne cultivons que le soleil ordinaire, dont la tige atteint souvent la hauteur de celle du topinambour, son parent, et qui est employée aux mêmes usages; mais il existe, paraît-il, une variété à basse tige, que nous n'avons encore pu nous procurer, et dont le rendement serait aussi considérable que celui du grand soleil. Nous ne donnons pas ici les graines aux volailles dans leur état naturel, mais débarrassées d'une partie de leur huile, qui est excellente, c'est-à-dire à l'état de tourteau, plus riche en azote que la graine.

Cytise, graines et feuilles.

Nous ne connaissons pas d'analyse de la graine de cytise, mais si nous jugeons de sa valeur nutritive par celle des feuilles, elle doit être considérable. Nous sommes donc porté à ajouter foi à l'assertion de Columelle, d'autant plus que nous voyons journellement nos poules constamment occupées à gratter le sol d'un petit bois de cytise où elles ont accès, pour y trouver les graines qui tombent presque toute l'année. D'abord s'entr'ouvrent les gousses plus ou moins exposées au soleil durant la seconde partie de l'été, puis vient peu à peu le tour des gousses qui ne reçoivent le soleil, le bois étant très-épais, que l'hiver et au commencement du printemps, avant l'apparition des nouvelles feuilles. Quant à ces dernières, dont la valeur nutritive est supérieure à celle de la luzerne, elles améliorent considérablement les mélanges, où elles sont introduites un peu hachées, comme le recommande Columelle. Les poules les mangent volontiers dans leur état naturel, lorsqu'elles les trouvent sous le bois, même un peu jaunies, ce qui n'a lieu

____

(1) *Voir* les *Cultures en lignes et les doubles Récoltes.*

que lorsqu'elles tombent. A ce moment, elles ont déjà perdu
de leur valeur. Les poules mangent aussi les feuilles d'a-
cacia, celles de luzerne sur tige, etc.

Son.

La valeur nutritive du son est très-diverse, selon que la
mouture en a été effectuée plus ou moins complétement.
Il a été constaté par l'analyse que la partie du grain qui
contient le plus d'azote est celle qui touche à l'écorce. Il en
résulte que lorsque le grain est imparfaitement moulu,
comme cela a généralement lieu dans les campagnes, le son
est souvent, à poids égal, plus riche en matières nutritives
que la farine; mais si le moulage est complet, le son perd de
suite les trois quarts de sa valeur, car il ne se compose
plus que de l'écorce seule du grain, dont une partie serait indi-
gestible. D'un autre côté, le son, même celui provenant
d'un moulage imparfait, le meilleur conséquemment, occu-
pant un volume hors de proportion avec sa valeur nutritive,
ne peut faire la base d'une nourriture de production. De plus,
le son est relâchant. Il a parfois la même contenance en azote
que la farine du grain qui l'a produit, avec le double environ
de matières grasses ; mais il est pauvre en carbone.

Pain de farine, ou plutôt de poudre de paille.

On a proposé de nourrir les poules pondeuses avec du
pain fait avec de la poudre de paille. L'aspect de ce pain peut
faire illusion, mais sa valeur nutritive est bien faible, et nous
doutons qu'on obtienne beaucoup d'œufs en tenant les pondeuses à un pareil régime. Nous ne voyons que la paille de
pois qui, en raison de la proportion d'azote qu'elle contient,
puisse être transformée en pain d'une certaine valeur; mais
la production de cette paille est très-bornée. Quant aux pailles

des céréales, en supposant qu'on n'utilisât que les deux tiers de la tige, leur valeur nutritive ne serait encore, si on ne considère que la proportion d'azote, que le quart ou le cinquième de celles des grains généralement employés à la nourriture des volailles. Il faudrait donc que les poules absorbassent journellement, pour être nourries en vue d'une production abondante, six fois, car ce pain contiendrait une plus forte quantité d'eau que le grain, six fois autant de pain de paille qu'elles prennent ordinairement de grain, ce qui est impossible. Certainement, avec du pain de paille la poule vivra, mais elle ne donnera que peu ou point de produit, même en faisant entrer dans la composition du pain un dixième de farine de céréale pour faciliter la panification.

Pain de farine ou de poudre de foin, luzerne, trèfle, sainfoin, etc.

Il a été aussi question de pain de farine de foin et de farine de légumineuses. Ceci est plus sérieux : la luzerne de bonne qualité, par exemple, à l'état sec, a à peu près la même valeur nutritive que l'orge et le sarrasin. On conçoit donc qu'en faisant subir à cette substance une préparation permettant aux poules de l'absorber, on puisse les en nourrir. Nous reviendrons bientôt sur ce sujet.

Pomme de terre.

Les pommes de terre cuites, écrasées et salées, peuvent assurément nourrir les poules; mais ce n'est qu'une bien faible nourriture d'entretien et nullement un aliment de production. La valeur nutritive de la pomme de terre, comparée à celle de l'orge, par exemple, n'est que de 20 pour cent, en raison de la forte quantité d'eau qu'elle contient. On voit que, pour être également nourrie, il faudrait que la poule absorbât, en poids, cinq fois plus de pommes de terre que de grain ; la pomme de terre ne peut donc être la nourriture unique des pondeuses.

Topinambour.

Même valeur nutritive que la pomme de terre, même observation, mais pouvant être donné cru et présentant aux cultivateurs de grands avantages. Plante oubliée, méconnue à cette heure encore, mais à laquelle est réservé le plus bel avenir et qui jouera un jour, dans la culture et l'alimentation en général, un rôle de premier ordre.

Betteraves, racines et feuilles.

La betterave est encore moins riche en principes nutritifs que la pomme de terre et le topinambour, et, exclusivement nourries de betteraves, les poules ne mourront pas de faim, mais il ne faut pas espérer un autre résultat. Il en est de même des feuilles.

Carottes, navets, courges et autres plantes du même genre, pommes, etc.

Toutes ces plantes, aqueuses au dernier point, peuvent plus ou moins nourrir les poules, mais ne les font jamais pondre et ne doivent leur être offertes qu'associées à d'autres substances ou comme des entremets, qu'elles utilisent ou non, selon la fantaisie ou le besoin du moment.

S'imaginer qu'on peut faire pondre ou engraisser les poules avec ces plantes seules est une erreur complète.

Gland.

Le gland, vert ou sec, concassé, peut entrer pour une part dans la nourriture des pondeuses, mais ne pourrait être

donné seul. Vert, il a à peine la valeur nutritive de la pomme
de terre; sec, il faudrait que les poules en absorbassent deux
fois et demie autant que d'orge et de sarrasin. Lorsque le
gland est de moyenne grosseur, les poules le mangent dans
son état naturel. Celles des exploitations où se trouvent des
chênes à leur portée ne manquent pas de se rendre, en saison convenable, chaque jour au-dessous. Lorsque les chênes
sont éloignés, on peut y conduire les volailles, au moyen
d'un poulailler ambulant ou de dindes conductrices. Elles
trouvent là aussi des vers et des insectes, relevant la pauvreté
nutritive du gland.

Graine de pin maritime.

La graine de pin maritime est fort du goût des volailles,
et pour elles une excellente nourriture. Son prix élevé ne
permet pas d'en faire la base de leur entretien ; mais, lorsque
l'on possède des bois de pins, on ne doit pas négliger d'y
envoyer les poules, au moyen d'un poulailler ambulant plus
ou moins parfait, ou les poulets sous la conduite de dindes.
Poules et poulets trouvent là, presque toute l'année, comme
dans les bois et les taillis de cytises, une nourriture de première qualité, sans compter les vers et les insectes, qui four-
millent toujours, pendant la belle saison, dans l'herbe plus
ou moins épaisse du sol où végètent les pins. Lorsque le
couvert des pins est complet, l'herbe manque totalement.
Les volailles n'en trouvent que plus facilement la graine, et le
terreau provenant des aiguilles de pins, dont le sol est alors
couvert, terreau dont l'épaisseur augmente chaque année,
leur fournit une matière agréable à gratter et des myriades
de vers et d'insectes. Sous les pins, nul dégât n'est à craindre
de la part des volailles, et leur séjour y est, on le comprend,
on ne peut plus avantageux. Mais pour les y conduire sans
danger il faut ou que le pays soit exempt de loups et de

renards, ce qui est rare, ou que le dessous des pins soit
dénué de broussailles, et faire bonne garde autour du troupeau avec un chien connu de lui. Il est toujours facile de
débarrasser le dessous des pins des broussailles qui peuvent
plus ou moins le garnir. Du reste, lorsque les pins sont assez
rapprochés, ils étouffent toute autre végétation.

Les bois de pins, lorsqu'ils sont âgés de quinze à vingt ans,
offrent des ressources presque illimitées. En cueillant ou
plutôt en faisant tomber les pommes de pin, ce qui s'effectue
rapidement au moyen d'une double griffe fixée au bout
d'une perche, et en plaçant ces pommes sur une aire exposée
au midi, les poules vont l'été les remuer et s'emparent de la
graine au fur et à mesure que s'ouvrent, sous l'action du
soleil, les cases qui la renferment. Le temps passé à récolter
les pommes de pin est payé au quintuple par leur valeur
comme combustible, et la graine est obtenue absolument
pour rien ; les volailles, aidées du soleil, se chargent seules
de son extraction.

Ah ! si tous les produits dont Dieu a doté à profusion la
terre étaient recueillis, si toutes les forces étaient utilisées ;
si tant de belles intelligences, au lieu de s'user dans des luttes
d'esprit ou d'ambition stérile, la mort de l'âme et du cœur,
bien que ce soit là ce que le monde appelle si improprement
la vie, consacraient une partie de leur génie à l'art, le premier de tous, dont vivent les sociétés, et au développement
des éléments de bonté, de charité, de fraternité que Dieu a
mis au cœur des hommes ; si d'autres personnes, moins heureusement douées, mais possédant l'une des grandes forces
de ce temps, la fortune, renonçant à une triste oisiveté ou à
une activité égoïste, deux fardeaux parfois lourds à porter,
employaient quelques bribes de leurs richesses au progrès de
l'agriculture, à l'instruction, autant morale qu'agricole, de
ses travailleurs, les deux tiers de la population du globe,
quels prodiges de production, de vie matérielle facile, de

diminution du travail de chacun et d'union parmi les hommes ne verrions-nous pas, à la place du clinquant, de la misère, de la lutte incessante, du gaspillage et du chacun pour soi!... S'il n'y avait que la graine ailée du pin de perdue ; mais les meilleures semences morales sont étouffées, détruites, faute de culture, sous la végétation luxuriante de l'égoïsme.

Nous voilà bien loin du principal sujet de ce livre, et ces pensées sont probablement destinées au désert ; mais ne trouveraient-elles qu'un écho, n'arrêteraient quelques instants qu'un lecteur sur la pente, que nous serions heureux de les avoir écrites.

Fruits.

Presque tous les fruits sont mangés par les poules, à peu près comme les mangent les hommes, c'est-à-dire en dehors des substances qui font ou doivent faire le fond de leur alimentation ; mais on peut les associer, avec grand avantage, à quelques-unes de ces substances.

Feuilles des arbres.

Les feuilles de quelques arbres, tels que le cytise, l'ormeau, etc., ont une valeur nutritive qui dépasse de beaucoup celle du trèfle, de la luzerne et du sainfoin. Aussi les feuilles de ces arbres peuvent-elles avantageusement, étant bien hachées, entrer dans des mélanges.

Salade, oseille, choux, herbe de froment.

Ces plantes, avidement recherchées par les poules, sont pour elles de première utilité. Elles ne peuvent faire la base de leur nourriture, mais elles y contribuent, selon les saisons

et le régime auquel les volailles sont soumises, dans une proportion plus ou moins forte, et les entretiennent en bonne
santé, tout en contribuant à la ponte. Nous avons dit de
quelle manière on devait, de préférence, les leur faire consommer. On évite ainsi la main-d'œuvre que nécessiterait
l'arrachage ou la coupe de ces plantes (pour le froment, la
chose serait impossible), et le gaspillage qu'en font les volailles lorsqu'on les leur donne au poulailler : elles marchent sur les herbes, les salissent et n'en mangent pas le
quart.

Nourriture animale.

Une certaine quantité de substances animales donnée chaque
jour produit le meilleur effet sur la santé et la production
des pondeuses. Que se passe-t-il, en effet, dans l'entretien
ordinaire des poules? Mal nourries dans la plupart des fermes, elles ne commencent à pondre régulièrement qu'en
avril, époque de l'apparition des vers et des insectes ; mai et
juin leur en fournissent encore abondamment ; mais, cette
période passée, vers et insectes sont moins nombreux à la
surface du sol, la plupart des transformations qu'ils subissent
sont accomplies, et la ponte diminue.

Viande.

La viande, crue ou cuite, est très-appréciée des poules ;
mais, crue, elle est relâchante, et leur guano, malgré tous les
désinfectants, est une infection qui rend le séjour du poulailler pénible pendant les grandes chaleurs. C'est donc cuite
que la viande doit être distribuée aux poules. Plusieurs modes
de cuisson sont pratiqués ; le plus simple, car il n'exige
aucun appareil spécial, consiste à placer la viande dans une
chaudière contenant une suffisante quantité d'eau et faire

bouillir. La cuisson effectuée, on enlève les os, que l'on pulvérise avec une masse de fer ; on coupe et on divise la viande en petits morceaux que l'on mêle avec les fragments d'os, et l'on sert aux poules dans cet état. La viande ne doit pas entrer pour plus d'un cinquième d'abord et, lorsque les poules y sont habituées, pour plus de moitié dans leur alimentation. Il ne faut rien exagérer, la viande est pauvre en carbone. S'imaginer qu'on peut nourrir les volailles exclusivement de viande est une erreur. On ne change pas en vain les lois naturelles. La santé des volailles et la qualité, du moins ce que l'on considère comme telle aujourd'hui, des produits, viande et œufs, seraient promptement altérées et, après quelques générations, la race entièrement modifiée, si elle résistait à un régime pour lequel elle n'a pas été créée. Comme la chair offre, dans un petit volume, une riche alimentation, mais qu'il lui manque une partie des qualités des farineux, on peut, avec grand avantage, la donner mêlée au son, peu fourni en principes nutritifs, eu égard à son volume, mais contenant plus ou moins le carbone qui manque à la viande. Ce mélange peut faire la base de la nourriture des pondeuses. On peut utiliser ainsi les animaux qui meurent à la ferme, d'accidents ou de vieillesse ; les rebuts d'abattoir et la chair des chevaux abattus. Malheureusement, les cultivateurs et leurs agents ont, bien à tort, une répugnance presque invincible à manipuler ces viandes, ce qui est le plus grand obstacle à leur emploi. Lorsque la viande est cuite et divisée en menus morceaux, on peut, en la salant et la faisant sécher sur des claies au four de la ferme, la conserver de quinze jours à plusieurs mois, selon la saison. La chair et les os des chevaux que l'on abat pour cause d'accidents ou de vieillesse pourrait contribuer pour une large part à la nourriture des poules. Il se perd ainsi chaque année, en France, pour des millions de francs de substances d'une richesse nutritive extrême, qu'on ne se donne même pas la peine de convertir en engrais, ce qui est cependant si facile au plus modeste cultivateur (1).

Sang.

Comme la chair, le sang est l'une des substances les plus nourrissantes. Il inspire malheureusement encore la même répugnance que la chair aux habitants des campagnes. Nous l'avons utilisé avec succès en l'employant, au lieu d'eau, à la confection du pain de son ou de grossières farines. On obtient ainsi un pain très-substantiel, qui, bien cuit, se conserve plusieurs semaines. Il est nécessaire de le diviser en très-minces fragments avant de le donner aux volailles, et nous devons dire que cette opération, en raison du degré de cuisson du pain, demande, faite au couteau, beaucoup de temps. Il serait facile de faire construire à peu de frais un instrument qui expédierait rapidement la besogne. Les poules peuvent être exclusivement nourries avec ce pain, qui contient les diverses substances qu'elles recherchent le plus. Quand nous disons nourries exclusivement, nous entendons que ce pain peut faire la base de leur alimentation ; mais il leur faut toujours des herbages. On peut aussi faire cuire le sang et le mélanger chaud avec du son, des pommes de terre ou autres substances peu nutritives, soit en raison du volume qu'elles occupent, soit par suite de leur grande proportion d'eau. Le sang cru a pour les volailles le même inconvénient que les viandes crues.

Hannetons, mans, limaçons, sauterelles, chenilles, etc.

Les poules sont avides de tout cela, mais il faut leur laisser le soin de le récolter elles-mêmes ; sinon la dépense dépassera le plus souvent le profit.

(1) *Voir* les *Engrais perdus dans les campagnes*, par N. Delagarde.

Enfin, les poissons, les crustacés peuvent aussi entrer dans la nourriture des poules ; mais il n'y a que les cultivateurs placés au bord de la mer qui soient à même d'utiliser ainsi une foule de produits qui, n'entrant que peu ou pas dutout dans l'alimentation de l'homme, offrent des ressources presque illimitées à l'entretien des volailles.

Verminière.

Le goût prononcé des poules pour les vers a fait chercher les moyens de les produire en abondance. On y est parvenu il y a plusieurs siècles, et on a donné le nom de verminière au mélange des diverses matières qui concourent à la production des larves. C'est le ver de la mouche à viande qui forme l'immense majorité des hôtes des verminières.

Pour établir une verminière avec succès, on creuse une fosse de 1 m. à 1 m. 20 c. de profondeur, jamais plus ; de 1 m. 50 c. de largeur au moins, à côtés verticaux, et d'une largeur proportionnée à l'importance que l'on veut donner à la verminière, largeur, cependant, qui ne doit pas être moindre de 1 m. 50 c. Si le terrain n'est pas de nature à acquérir, étant battu, une grande dureté, on recouvre le fond de la fosse d'une mince couche de béton ; autrement les larves perceraient la terre et s'y cacheraient. Pour la même raison, les quatre côtés de la fosse doivent être recouverts d'une petite muraille s'élevant un peu au-dessus du niveau du sol et couronnée par un rebord faisant intérieurement saillie de 7 à 8 c., ce qui est nécessaire pour empêcher la fuite d'une partie des vers ; en construisant les murs des côtés, on doit ménager dans leur intérieur des cavités ayant accès sur la fosse et se prolongeant horizontalement dans le sens du mur, où des larves, en plus ou moins grande quantité, vont subir leur transformation de mouche à viande, lesquelles contribuent à une abondante production de larves dans la vermi nière qui succède à celle épuisée. Enfin, une porte étroite, établie à l'une des extrémités de la fosse et glissant au moyen de deux rainures dans chacun des montants de pierre, complète sa construction. Cette fosse doit être située à l'exposition du sud et recouverte d'une toiture en chaume, pour que la pluie ne vienne pas interrompre ou trop activer la fermentation des matières où naissent et se développent les larves. Ni les poules, ni les chiens ou autres animaux carnassiers ne doivent avoir accès là où est placée la verminière.

Les matières les plus propres à la confection d'une verminière sont : de la paille de seigle hachée à 1 ou 2 c. de longueur, du crottin frais de cheval, du terreau ou, à défaut, de la terre peu consistante et de bonne qualité, et du sang ou de la viande de rebut ou provenant d'animaux morts par accidents ou abattus et divisés en menus morceaux.

On place au fond de la fosse une couche épaisse de 10 à 12 c. de paille de seigle hachée, sur laquelle on étend du crottin bien divisé sur une épaisseur de 5 à 10 c., selon que la température est chaude ou froide ; sur le crottin, on répand une couche de terreau de 5 à 6 c. d'épaisseur, et on arrose le tout avec du sang légèrement tiède, si la température est froide, ou bien on établit sur la terre une couche de viande de 3 à 4 c. d'épaisseur, qu'on asperge avec un peu d'eau tiède en hiver. Si on se sert de sang, on l'emploie à raison de 5 à 600 grammes par mètre carré de surface. On établit encore deux à trois couches comprenant chacune les diverses substances utiles dans l'ordre qui a présidé à l'établissement de la première couche. Aucune pression ne doit être exercée sur la verminière. On termine par une légère couche de terre, recouverte l'hiver, pour garantir le tout du froid, par une forte épaisseur de fougère ou de paille.

La fermentation marche rapidement dans les matières qui forment la verminière, et l'éclosion et le développement des larves n'exigent l'été que dix à vingt jours. L'hiver, les choses vont beaucoup moins vite, et il faut parfois un temps double et même plus, et la quantité des larves n'est jamais aussi considérable que l'été. L'importance de la verminière exerce une grande influence sur la rapidité du succès : on conçoit facilement que plus la masse des matières est considérable, plus vite s'établit la fermentation, plus vite elle s'accomplit, et, par suite, plus vite aussi les larves naissent et se développent. Ce développement, nous venons de le dire, s'accomplit en dix ou vingt jours, dans les meilleures conditions. Alors les larves cherchent à sortir de la verminière pour trouver un lieu propre à leur métamorphose en crysalides, puis en mouches ; mais les rebords qui couronnent les parties supérieures des murs de la fosse s'opposent à leur fuite. Les excavations ménagées dans les murailles remplies, la masse des larves se résigne à subir ses transformations dans la vermi-nière. Elles cessent de se mouvoir et durcissent. Dans cet état, elles ont encore la même valeur nutritive et sont aussi recherchées par les poules qu'à l'état de larves.

La production d'une verminière, nous l'avons dit, est beaucoup moins importante l'hiver que l'été, moitié moins environ, mlagré toutes les précautions possibles. Par chaque renouvellement des matériaux, et dans un temps donné, la production est parfois moindre du quart l'hiver que l'été. On peut compter en moyenne sur un produit de dix kilogrammes de larves par mètre cube de matières composant la verminière. La valeur nutritive des larves et crysalides, qui est à peu près celle de la chair, est conséquemment supérieure à celle des grains, des céréales, et on ne doit pas dépasser la dose de 60 grammes par jour et par tête de volaille du poids de 2 kilogrammes. Le complément de la nourriture journellement nécessaire à chaque poule doit être fourni par d'autres substances. Une verminière, dont les dimensions maximum, si l'on veut opérer avec certitude de succès, doivent permettre de placer 2 m. 50 c. cubes de matières, produit, en moyenne,

25 kilos de larves ou crysalides, qu i fournissent environ
416 rations de 60 grammes chacune, c'est-à-dire de quoi sub-
venir à la partie animale de l'alimentation de 100 volailles, par
exemple, pendant quarante jours. Nous devons dire qu'il faut
entretenir environ ce chiffre de têtes de volailles pour tirer-
avantageusement parti des verminières, et aussi qu'il est nécessaire d'avoir deux fosses, dont l'une est en cours d'exploitation, pendant que dans l'autre naissent, se développent et se
transforment les larves.

Pour s'emparer chaque jour des larves nécessaires, on entre
dans la fosse en ouvrant la porte à coulisses que nous avons décrite, et, au moyen d'une pelle et d'une boîte ou d'une corbeille, on enlève une certaine quantité du mélange : larves ou
crysalides et matières plus ou moins desséchées ayant servi à
l'établissement de la verminière ; on donne le tout aux volailles
sur un emplacement propre du poulailler, et, le repas achevé,
on fait de suite disparaître les matières inertes qui se trou-
vaient mêlées aux larves. Pour se rendre compte du rapport,
très-variable, des larves aux restes de la verminière, et être exactement fixé sur la quantité de larves ou crysalides donnée aux
poules, on prend, par exemple, un litre du mélange ; on sépare
les larves ou crysalides des matières inertes, on pèse chacune
des parties obtenues par ce triage, et on sait ainsi combien une
corbeille, une boîte d'une capacité donnée contient, remplie
du mélange, de grammes ou de kilogrammes de larves ou de
crysalides pures. Pour avoir des larves sans mélange, mais des
larves seulement et non des crysalides, on peut, en construisant la fosse, établir au rez de son fond une couple de petits
conduits traversant les murailles. On enlève extérieurement
la terre, afin de mettre à nu les ouvertures, auxquelles on
adapte un bec ou tuyau large de 8 à 10 c.; on place au dessous de chaque tuyau un vase à bords verticaux où une
partie des larves qui cherchent à s'échapper de la verminière viennent tomber.

Le prix de revient des larves est très-variable : très-bas en été et souvent assez élevé en hiver. Un kilogramme de larves ou crysalides revient, en moyenne, à 6 centimes, en comptant la paille de seigle hachée à 4 fr. les 100 kilos, le crottin frais de cheval à 3 fr. le mètre cube, et le sang de boucherie, qui peut n'être pas de première qualité, à 10 centimes le kilogramme. Les deux premières substances, paille de seigne et crottin, produites à la ferme, ne reviennent jamais au cultivateur au prix où nous les portons.

II.

ALIMENTATION RATIONNELLE ET ÉCONOMIQUE DES POULES AU POINT DE VUE DE LA PRODUCTION DES ŒUFS. — HYGIÈNE. — ENGRAISSEMENT.

Nous avons dit que les poules pondeuses ont besoin d'avoir toujours de la nourriture à discrétion, *qu'elles ne doivent jamais être rationnées*, parce que leur consommation n'est pas uniforme ; mais les expériences auxquelles nous nous sommes livré nous ont appris combien, à très-peu près, une poule d'un poids donné consomme par année et, par suite, en moyenne et *non exactement*, par 24 heures. Une poule du poids de 2 kilogrammes, par exemple, a besoin chaque jour, en moyenne, de 165 grammes, large ration de production, d'un aliment dosant 2,25 d'azote 0[0 et environ 12 0[0 de carbone. L'orge, qui est la nourriture végétale par excellence des poules, contient près de 20 0[0 d'azote ; mais l'orge seule ne nourrit pas convenablement des poules auxquelles on demande une haute production. Il leur faut aussi des substances animales, 1[4 à 1[2, substances contenant de 3 à 3,5 d'azote 0[0, ou, à défaut, une substance végétale riche aussi en

azote : des féveroles , des vesces, que le cultivateur peut produire, ou des tourteaux de noix, de colza ou d'œillette, par
exemple. Ces substances ne remplacent pas complétement
les vers, le sang ou la viande, et il ne faut les employer, à
l'exclusion des substances animales, que lorsqu'on ne peut
pas faire autrement. Le tourteau est, eu égard à sa richesse
en principes plastiques et en matières grasses, à très-bon
marché, 15 à 16 fr. les 100 kilos. Il en est habituellement
ainsi du prix des vesces et des féveroles. On remplace 100 de
substances animales par 66 de tourteau, en ayant le soin
d'ajouter 34 ou 40 d'une substance de minime valeur nutritive, et à très-bas prix, comme il sera dit ci-après. Cette observation s'applique également aux féveroles, presque aussi
azotées que le tourteau, et souvent au même prix. Tourteau
ou farine de féveroles, ou même de vesces, en forçant pour
ces dernières un peu la proportion, entre alors dans les mélanges aux pâtées. Si on remplace les vers par du sang, on
doit le faire cuire avec les légumes s'il s'agit de pâtée, ou le
faire cuire seul et le mélanger avec leurs fragments crus s'il
s'agit de simples mélanges. Quant au carbone, il est généralement en excès dans les aliments végétaux des hommes et
des animaux, tandis que sa proportion est insuffisante dans
les aliments d'origine animale : autre raison pour que l'entretien exclusif des volailles avec des vers, du sang ou de la
viande ne puisse être longtemps continué.

En disant qu'il faut aux pondeuses pesant 2 kilogrammes
165 grammes d'un aliment dosant 2,25 d'azote 0[0, nous
donnons, encore une fois, seulement une moyenne, car, à
production égale, la consommation varie journellement sans
qu'on puisse en saisir la cause ; de plus, elle est un peu plus
forte par les temps froids et moins forte par une température
élevée ; enfin, ce chiffre de 165 grammes ne s'applique qu'à
des poules renfermées dans une cour n'offrant aucune ressource, et non aux poules vaguant en liberté ou ayant à leur

disposition un parc comme celui que nous avons décrit, dans lequel elles trouvent constamment une nourriture herbacée à leur convenance et toujours quelques insectes. Dans ces conditions, les pondeuses ne consomment, en moyenne, chaque jour, l'hiver, que 140 grammes d'aliments distribués, et 100 grammes seulement l'été ; chiffre moyen, 120 grammes, et par année, 43 kilos 800 grammes.

Si la ferme est entourée de prairies ou si le parc gazonné où sont tenues les pondeuses a une surface triple au moins de celle que nous avons indiquée, on peut se borner à leur donner en une, deux ou trois fois chaque jour, du 1er avril au 1er octobre, parfois jusqu'en novembre, 60 grammes de vers ou autre substance animale, ou 45 à 50 grammes de substances végétales très-azotées : tourteaux, féveroles, etc , concassés. Les poules prennent elles-mêmes en herbes, légumineuses surtout, au dehors, le complément de leur nourriture. C'est de cette manière que nous opérons dans notre exploitation, et il nous serait facile de démontrer que nos pondeuses absorbent ainsi un aliment *complet*, dosant 2,25 d'azote 0[0. Bien que n'ayant pas toujours du manger dans leurs boîtes, nos poules n'en ont pas moins de la nourriture à discrétion, puisqu'elles n'ont qu'à sortir au dehors pour en trouver. Il ne faut pas s'imaginer que les poules mangent toute l'herbe du pâturage mis à leur disposition. Le produit en foin, successivement fauché plusieurs fois pendant l'été, afin que les volailles trouvent toujours des pousses nouvelles, par parcelles ou par bandes, un peu foulées sans doute, bien que les poules se tiennent de préférence sur les parties où l'herbe est la moins élevée, est considérable, le sol acquérant rapidement, nous l'avons dit, une haute fertilité.

S'il s'agissait de poules pesant un quart ou moitié moins, la consommation serait presque proportionnellement moins forte, un peu au-dessus de la proportion ; et s'il s'agissait de poules pesant un quart ou moitié plus, la consommation serait aussi presque proportionnelle à l'augmentation de poids, un peu au-dessous.

L'hiver, pâtées ou mélanges crus doivent, lorsqu'ils sont offerts aux poules, être au moins à la température du poulailler, 18 à 20 degrés centigrades. On obtient ce résultat en tenant toujours à l'avance les aliments dans le poulailler, hors de la portée des volailles.

On peut faire moudre les grains qui entrent dans les pâtées ou mélanges en les donnant aux meuniers. Pour nous, nous préférons que cette opération se fasse à la ferme même, et nous nous servons très-économiquement d'une sorte de petit moulin, qu'un homme fait facilement mouvoir, qui mouture et concasse à toutes grosseurs, assez convenablement pour l'usage que nous en faisons, de 20 à 30 litres à l'heure. Ce petit instrument est, dans une exploitation, de première nécessité.

Quant au traitement des racines et tubercules, voici comment nous opérons :

D'abord, s'ils ont besoin d'un nettoyage, les topinambours, par exemple, en ont toujours besoin, on les fait passer au laveur, instrument des plus commodes qui, sans toucher des mains les légumes, sans se salir, permet de faire en cinq minutes le travail qui, à la main, exigerait une heure ; instrument que l'on peut faire construire moins beau et moins fort sans doute, mais à un prix quatre ou cinq fois moindre que ne le vendent les constructeurs agricoles. Lorsqu'on n'a journellement à nettoyer qu'une petite quantité de racines ou tubercules, on peut se servir tout simplement d'un vieux seau, par exemple, dont on remplace le fond par un treillage en fil de fer à mailles de 2 c. 1\[2 à 3 c. d'ouverture. On emplit le seau de tubercules et on le plonge dans un baquet plein d'eau, d'où on le retire pour le secouer ; on le replonge de nouveau et on le secoue encore, etc. Ce nettoyage s'opère encore ici sans mettre la main aux tuber-

cules. La terre et autres corps étrangers se déposent au fond
du baquet (car c'est au-dessus qu'on brasse les légumes), d'où
on les extrait quand le dépôt ne permet plus au seau de s'en-
foncer assez dans l'eau.

Pour pendre les tubercules et les racines, sauf les grosses
betteraves, nous nous servons d'un instrument fort expédi-
tif, tenant à la fois de la pelle et de la fourche, ayant manche
comme ces dernières et composé de 8 à 10 doigts en fer de
25 à 30 c. de longueur, ayant 5 à 6 millimètres de diamètre
et espacés à 2 c. 1\2 les uns des autres. Si les légumes sont
trop gros, on les divise au couteau ou au coupe-racines. Nous
nous servons d'un petit coupe-racines d'un prix peu élevé et
qui fait bien et assez rapidement ; une femme peut le faire
mouvoir. Il y a mieux que lui assurément, mais il faut y
mettre relativement un haut prix. Les légumes lavés et cou-
pés, s'il sagit de pâtées on les fait cuire tout simplement dans
une chaudière ordinaire pourvue d'un double fond mobile
et à jour, sur lequel reposent les légumes. L'eau nécessaire
a été préalablement versée dans la chaudière, dans laquelle
elle s'élève jusqu'au double fond ; enfin, la chaudière reçoit
une couverture en tôle ; la cuisson a ainsi lieu à la vapeur.
Notre appareil, comme on le voit, est loin de la perfection ;
son principal mérite consiste dans son bas prix et en ce que,
débarrassée de son double fond, la chaudière peut servir à
tous les usages domestiques habituels. Il y a beaucoup mieux,
mais ce beaucoup mieux coûte, malheureusement, relativement fort cher. Lorsque les légumes sont cuits, nous les faisons passer entre deux petits cylindres se mouvant en sens
inverse et qui les réduisent en pulpe ou bouillie. Encore
un instrument d'une utilité extrême, qui ne coûte presque
rien et que la fabrication agricole, sous le nom de dépulpeur,
cylindres broyeurs, etc., outils plus parfaits assurément, vend
à des prix fous. On peut aussi écraser les légumes encore
chauds avec une sorte de pilon, mais l'opération est longue

et beaucoup moins parfaite : la pulpe contient des morceaux que les volailles refusent quelquefois ou qu'elles emportent en en perdant les trois quarts.

S'il s'agit d'administrer les tubercules et les racines en petits fragments, mêlés crus aux farineux et aux tourteaux, nous écrasons et divisons en même temps les topinambours, carottes, navets, etc. (les pommes de terre ne doivent pas être données crues), avec une sorte de marteau muni de lames tranchantes placées perpendiculairement les unes aux autres. Ce marteau-hache-légumes, manœuvré par une femme, fait en une heure le travail qu'on ne ferait pas au couteau en deux journées. Si on opère sur des racines : betteraves, grosses carottes, etc., trop volumineuses, il faut, avant de les passer sous le marteau-hache-légumes, les diviser soit à la main, soit au coupe-racines.

Quant aux légumineuses ou autres plantes à tiges, vertes ou sèches : luzerne, trèfle, sainfoin, chardons, ortie, etc., nous les passons au hache-paille, qui les coupe en fragments de 5 millimètres. Le même instrument nous sert à la préparation de la paille de seigle, qui entre dans la composition des verminières.

Maintenant est-ce à dire qu'on ne puisse pas produire de *l'engrais pour rien* et faire de *gros profits* en entretenant des pondeuses sans tous les instruments dont nous nous servons ? Lorsqu'on ne possède que 50 à 60 poules, on peut se passer de tout cet attirail, qui produit, il est vrai, une économie de 50 à 80 0[0. Il faudra plus de main-d'œuvre; mais comme, dans ce cas, il s'agira généralement d'un tout petit cultivateur faisant tout par lui-même, sa femme et ses enfants, sans le secours toujours trop cher des étrangers, le résultat, en définitive, ne sera pas différent à celui obtenu avec les instruments.

Pour faciliter le travail du hache-paille et obtenir des fragments d'une longueur uniforme, on doit faucher la luzerne, le trèfle ou le sainfoin destiné à subir la préparation que nous venons d'indiquer avec une faux armée d'un râteau semblable à celui dont on se sert lorsque l'on coupe l'orge ou l'avoine ; puis, si le temps est beau, on retourne une ou plusieurs fois les légumineuses chaque jour, au moyen d'une fourche à longues branches, comme s'il s'agissait de blé étendu sur l'aire qui aurait reçu le premier coup de fléau. Lorsque la légumineuse est parfaitement sèche, on la met en bottes, en commençant à l'une des extrémités du premier andain que l'on roule sur une certaine longueur, de manière à former une botte de la grosseur désirée. On continue ainsi jusqu'à parfait épuisement de l'andain attaqué, puis on opère sur le suivant. De cette manière, les tiges des légumineuses conservent une position uniforme, et presque toutes leurs feuilles, la partie la plus nutritive de la plante, sont conservées. Si le temps menace, il ne faut faucher que lorsque la plante n'est plus mouillée de rosée ou de pluie, et en former aussitôt, en roulant l'andain avec un rateau à dents très-longues et largement espacées, des moyettes assez semblables à celles du sarrasin, mais plus fortes, auxquelles on lie la tête, après l'avoir entourée d'une forte poignée de légumineuses la tige renversée, au moyen d'un brin d'herbe, et, quelque temps qu'il fasse, on n'a plus à s'en occuper que lorsque la dessiccation est terminée. Cette méthode, bien supérieure à la méthode ordinaire, exige, en définitive, moins de main-d'œuvre, et, quelque usage qu'on veuille faire du fourrage, dans le dernier mode surtout, aucune feuille, la partie de la plante préférée des poules et de presque tous les animaux, ne reste sur le sol. La partie la plus nutritive de la plante, l'arome, la couleur, sauf le dessus de la moyette s'il survenait de longues pluies, sont conservés dans toute leur pureté, et le bottelage se fait avec une extrême rapidité.

Vertes, les plantes dont il vient d'être question peuvent être données crues, les chardons exceptés, humectées d'un peu d'eau, légèrement salées et mélangées avec des farineux ou du tourteau en poudre ; pralinées en quelque sorte de farine ou de tourteau. Sèches, la cuisson de ces plantes est nécessaire, si on ne préfère les faire tremper, pendant 24 heures, dans un mélange d'eau et de tourteau et de farineux, ce qui n'empêche pas de les praliner de ces dernières substances avant de les donner aux poules, sans pour cela dépasser les proportions indiquées.

Les formules qui suivent, sanctionnées par la pratique, renferment, en proportions convenables, une saine et substantielle alimentation de production (1) :

N° 1.

	Par		Prix par		
	jour. kil	an. kil.	hect. fr.	100 kil. fr.	Total. fr.
Froment,	0 040	14 600	17 50	23 33	3 40
Légumes (tubercules, racines ou légumineuses),	0 020	7 300		2 30	0 16
Vers ou crysalides, ou autres substances animales si on peut se les procurer au même prix,	0 060	21 900		6 00	1 30
ou tourteaux, féveroles, vesces (*Voyez* page 166).					
Total,					4 86

Cette alimentation fait ressortir le prix du froment à 17 fr. 50 c. l'hectolitre.

Nous comptons les denrées ci-dessus à leur prix moyen

---

(1) *Voir*, pour les proportions d'azote, de carbone et de graisse des grains, céréales et légumineuses, racines, tubercules, etc., LE PAIN MOINS CHER ET PLUS NOURRISSANT, *panifications économiques et très-nutritives à la portée de tous*, par N. Delagarde.

ordinaire les 100 kilos, savoir : les pommes de terre, 4 fr.; topinambours, 3 fr. 37 c.; carottes, 2 fr.; navets, 1 fr. 50 c.;
betteraves, 1 fr. 60 c.; panais, 1 fr. 80 c.; luzerne, trèfle et
sainfoin verts, 0 fr. 75 c. Chiffre moyen, 2 fr. 30 c. les 100
kilos de légumes.

La nourriture annuelle d'une poule de 2 kilogrammes revient ainsi à 4 fr. 86 c., et les denrées employées sont payées
un haut prix rémunérateur. Le froment, les tubercules, les
racines et les légumineuses, à l'état vert, ne reviennent pas
au cultivateur, dans son exploitation, au prix où nous les
portons.

Le chiffre de 2 fr. 30 c. les 100 kilos appliqué aux légumes
est, nous l'avons dit, une moyenne. Quand on emploiera les
pommes de terre, par exemple, l'alimentation reviendra un
peu plus cher, et moins cher avec la plupart des autres légumes, y compris la luzerne, le trèfle et le sainfoin. De même
aussi parmi les légumes ci-dessus, il y en a de plus ou moins
aqueux, de plus ou moins azotés, etc. Nous avons dû, là encore, prendre une moyenne pour ne pas multiplier les formules à l'infini et donner à ce livre une extension qu'il ne
doit pas avoir. Les personnes qui voudront se rendre un
compte exact de la valeur nutritive, sous toutes ses faces, de
chaque substance, trouveront ces détails dans notre travail
LE PAIN MOINS CHER ET PLUS NOURRISSANT, *panifications économiques et très-nutritives à la portée de tous.*

N° 2.

	Par		Prix par		
	jour. kil.	an. kil.	hect. fr.	100 kil. fr.	Total. fr.
Orge,	0 045	16 425	13 65	21 00	3 44
Légumes,	0 015	5 475	2 30		0 12
Vers etc. (*Voyez* p. 160),	0 060	21 900	6 00		1 30
			Total,		4 86

Cette alimentation fait ressortir le prix de l'orge à 13 fr. 65 c. l'hectolitre. Pour les légumes, mêmes observations qu'au n° 1.

En comptant l'orge à son prix moyen ordinaire, on a :

	Par	Par	Prix par	Prix par	
	jour. kil.	an. kil.	hect. fr.	100 kil. fr.	Total. fr.
Orge,		16 425	10 00	15 30	2 51
Légumes,		5 475		2 30	0 12
Vers, etc.		21 900		6 00	1 30
				Total,	3 93

Mêmes observations qu'au n° 1.

N° 3.

	jour. kil.	an. kil.	hect. fr.	100 kil. fr.	Total. fr.
Avoine,	0 050	18 250	9 44	18 88	3 48
Légumes,	0 010	3 650		2 30	0 08
Vers, etc. (*Voyez* p. 160),	0 060	21 900		6 00	1 30
				Total,	4 86

Cette alimentation fait ressortir le prix de l'avoine à 9 fr. 44 c. l'hectolitre. Pour les légumes, mêmes observations qu'au n° 1.

En comptant l'avoine à son prix moyen ordinaire, on a :

	an. kil.	hect. fr.	100 kil. fr.	Total. fr.
Avoine,	18 250	7 50	15 17	2 90
Légumes,	3 650		2 30	0 08
Vers, etc.,	21 900		6 00	1 30
			Total,	4 28

Mêmes observations qu'au n° 1.

N° 4.

	jour. kil.	an. kil.	hect. fr.	100 kil. fr.	Total. fr.
Sarrasin,	0 045	16 425	13 08	21 00	3 44
Légumes,	0 015	5 475		2 30	0 12
Vers, etc. (*Voyez* p. 160),	0 060	21 900		6 00	1 30
				Total,	4 86

Cette alimentation fait ressortir le prix du sarrasin à 13 fr.
08 c. l'hectolitre. Pour les légumes, mêmes observations qu'au
n° 1.

En comptant le sarrasin au prix ordinaire, on a :

	Par		Prix par		
	jour. kil.	an. kil.	hect. fr.	100 kil. fr.	Total. fr.
Sarrasin,		16 425	8 75	14 00	2 29
Légumes,		5 475		2 30	0 12
Vers, etc.,		21 900		6 00	1 30
		Total,			3 71

Mêmes observations qu'au n° 1.

N° 5.

	jour. kil.	an. kil.	hect. fr.	100 kil. fr.	Total. fr.
Maïs,	0 045	16 425	15 42	21 00	3 44
Légumes,	0 015	5 475		2 30	0 12
Vers, etc. (*Voyez* p. 160),	0 060	21 900		6 00	1 30
		Total,			4 86

Cette alimentation fait ressortir le pain de maïs à 15 fr. 42 c.
l'hectolitre. Pour les légumes, mêmes observations qu'au
n° 1.

En comptant le maïs à son prix moyen ordinaire, on a :

	an. kil.	hect. fr.	100 kil. fr.	Total. fr.
Maïs,	16 425	12 50	16 60	2 73
Légumes,	5 475		2 30	0 12
Vers,	21 900		6 00	1 30
	Total,			4 15

Mêmes observations qu'au n° 1.

N° 6.

	jour. kil.	an. kil.	hect. fr.	100 kil. fr.	Total. fr.
Millet,	0 025	9 125	25 08	35 83	3 27 .
Légumes,	0 035	12 775		2 30	0 29
Vers, etc. (*Voyez* p. 160),	0 060	22 900		6 00	1 30
		Total,			4 86

Cette alimentation fait ressortir le prix du millet à 25 fr. 08 c. l'hectolitre. Pour les légumes, mêmes observations qu'au n° 1.

En comptant le millet à son prix moyen ordinaire, on a :

	Par		Prix par		
	jour. kil.	an. kil.	hect. fr.	100 kil. fr.	Total. fr.
Millet,		9 125	12 00	17 14	1 56
Légumes,		12 775		2 30	0 29
Vers, etc. (*Voyez* p. 160),		29 900		6 00	1 30
Total,					3 15

Mêmes observations qu'au n° 1.

N° 7.

	jour. kil.	an. kil.	hect. fr.	100 kil. fr.	Total. fr.
Chenevis,	0 035	12 775	13 15	26 30	3 36
Légumes,	0 025	9 125		2 30	0 20
Vers, etc. (*Voyez* p. 160),	0 060	21 900		6 00	1 30
Total,					4 86

Cette alimentation fait ressortir le prix du chenevis à 13 fr. 15 c. l'hectolitre. Pour les légumes, mêmes observations qu'au n° 1.

En comptant le chenevis à son prix moyen ordinaire, on a :

	jour. kil.	an. kil.	hect. fr.	100 kil. fr.	Total. fr.
Chenevis,		12 775	12 50	25 00	3 12
Légumes,		9 125		2 30	0 20
Vers,		21 900		6 00	1 30
Total,					4 62

Mêmes observations qu'au n° 1.

N° 8.

	jour. kil.	an. kil.	hect. fr.	100 kil. fr.	Total. fr.
Vesce,	0 018	6 570	39 04	48 80	3 21
Légumes,	0 042	15 330		2 30	0 35
Vers, etc. (*Voyez* p. 160),	0 060	21 900		6 00	1 30
Total,					4 86

Cette alimentation fait ressortir le prix de la vesce à 39 fr. 04 c. l'hectolitre. Pour les légumes, mêmes observations qu'au n° 1.

En comptant la vesce à son prix moyen ordinaire, on a :

	Par		Prix par		
	jour. kil.	an. kil.	hect. fr.	100 kil. fr.	Total. fr.
Vesce,		6 560	14 00	17 50	1 14
Légumes,		15 330		2 30	0 35
Vers,		21 900		6 00	1 30
				Total,	2 79

Mêmes observations qu'au n° 1.

N° 9.

	jour. kil.	an. kil.	hect. fr.	100 kil. fr.	Total. fr.
Féveroles,	0 018	6 570	39 04	48 80	3 21
Légumes,	0 042	15 330		2 30	0 35
Vers, etc. (*Voyez* p. 160),	0 060	21 900		6 00	1 30
				Total,	4 86

Cette alimentation fait ressortir le prix des féveroles à 39 fr. 04 c. l'hectolitre. Pour les légumes, mêmes observations qu'au n° 1.

En comptant les féveroles à leur prix moyen ordinaire, on a :

	an. kil.	hect. fr.	100 kil. fr.	Total. fr.
Féveroles,	6 570	14 00	17 50	1 14
Légumes,	15 330		2 30	0 35
Vers,	21 900		6 00	1 30
			Total,	2 79

Mêmes observations qu'au n° 1.

N° 10.

	jour. kil.	an. kil.	100 kil. fr.	Total. fr.
Son,	0 040	14 600	23 33	3 40
Légumes,	0 020	7 300	2 30	0 16
Vers, etc. (*Voyez* p. 160),	0 060	21 900	6 00	1 30
			Total,	4 86

Cette alimentation fait ressortir le prix du son à **23 fr. 33 c.** les 100 kilos. Pour les légumes, mêmes observations qu'au n° 1.

En comptant le son à son prix moyen ordinaire, on a :

	Par		Prix par		
	jour. kil.	au. kil.	hect. fr.	100 kil. fr.	Total. fr.
Son,		14 600		12 50	1 82
Légumes,		7 300		2 30	0 16
Vers,		21 900		6 00	1 30
Total,					3 28

Mêmes observations qu'au n° 1.

N° 11.

	jour. kil.	au. kil.	hect. fr.	100 kil. fr.	Total. fr.
Luzerne verte, ou trèfle, ou sainfoin, ou chardons, ou ortie, ou feuilles d'ormeau, de cytise, etc.,	0 048	17 525		16 31	2 86
Tourteau ou féveroles, ou vesces,	0 012	4 380		16 00	0 70
Vers, etc. (*Voyez* p. 160),	0 060	21 900		6 00	1 30
Total,					4 86

Cette alimentation fait ressortir le prix de la luzerne verte et des autres substances qui peuvent la remplacer au taux énorme de 16 fr. 35 c. les 100 kilos, soit 81 fr. 55 c. les 100 kilos, à l'état vert, ce qui met la luzerne sèche au prix fou de 326 fr. 20 c les 500 kilos.

En comptant la luzerne, etc., au prix moyen ordinaire, on a :

	au. kil.	100 kil. fr.	Total. fr.
Luzerne verte, etc.,	17 525	1 50	0 26
Tourteau, etc.,	4 380	16 00	0 70
Vers,	21 900	6 00	1 30
Total,			2 26

Mêmes observations qu'au n° 1.

N° 12.

	Par		Prix par		
	jour. kil.	an. kil.	hect. fr.	100 kil. fr.	Total. fr.
Pommes de terre *cui-* *tes*,	0 048	17 525	12 24	16 31	2 86
Tourteau, féveroles ou vesces,	0 012	4 380		16 00	0 70
Vers, etc. (*Voyez* p. 160),	0 060	21 900		6 00	1 30
		Total,			4 86

Cette alimentation fait ressortir le prix des pommes de terre à 17 fr. 45 c. les 100 kilos, ou 12 fr. 24 c. l'hectolitre.

En comptant les pommes de terre à leur prix moyen ordinaire, on a :

Pommes de terre *cui-* *tes*,	17 525	3 75	4 00	0 69
Tourteau, etc.,	4 380		16 00	0 70
Vers,	21 900		6 00	1 30
	Total,			2 69

Mêmes observations qu'au n° 1.

N° 13.

	Par		Prix par		
Topinambours,	0 048	17 225	11 00	16 31	2 86
Tourteau, féveroles ou vesces,	0 012	4 380		16 00	0 70
Vers, etc. (*Voyez* p. 160),	0 060	21 900		6 00	1 30
		Total,			4 86

Cette alimentation fait ressortir le prix des topinambours à 16 fr. 31 c. les 100 kilos, ou 11 fr. l'hectolitre.

En comptant les topinambours à leur prix moyen ordinaire, on a :

Topinambours,	17 525		3 37	0 59
Tourteau, etc.,	4 380		16 00	0 70
Vers,	21 900		6 00	1 30
	Total,			2 59

Mêmes observations qu'au n° 1.

N° 14.

	Par		Prix par		
	jour. kil.	an. kil.	hect. fr.	100 kil. fr.	Total. fr.
Pommes,	0 042	15 330	10 23	16 37	2 51
Tourteau, féveroles ou vesces,	0 018	6 570		16 00	1 05
Vers, etc. (*Voyez* p. 160),	0 060	21 900		6 00	1 30
Total,					4 86

Cette alimentation fait ressortir le prix des pommes avariées, mais ayant toute leur valeur nutritive, et autres à 17 fr. 67 c. les 100 kilos, 10 fr. 23 c. l'hectolitre.

En comptant les pommes à leur prix moyen ordinaire, on a :

Pommes (celles avariées, le quart en moyenne de la récolte, ne valent jamais cela),	15 330	3 75	6 00	0 91
Tourteau, etc.,	6 570		16 00	1 05
Vers,	21 900		6 00	1 30
Total,				3 26

Mêmes observations qu'au n° 1.

N° 15.

	Par		Prix par		
Betteraves,	0 042	15 330		16 37	2 51
Tourteau, féveroles ou vesces,	0 018	6 570		16 00	1 05
Vers, etc. (*Voyez* p. 160),	0 060	21 900		6 00	1 30
Total,					4 86

Cette alimentation fait ressortir le prix des betteraves à 16 fr. 37 c. les 100 kilos.

En comptant les betteraves à leur prix moyen ordinaire, on a :

	Par jour. kil.	Par an. kil.	Prix par hect. fr.	Prix par 100 kil. fr.	Total. fr.
Betteraves,		15 330		11 60	0 24
Tourteau, etc.,		6 570		16 00	1 05
Vers,		21 900		6 00	1 30
Total.					2 59

Mêmes observations qu'au nº 1.

Nº 16.

	Par jour. kil.	Par an. kil.	Prix par hect. fr.	Prix par 100 kil. fr.	Total. fr.
Carottes,	0 042	15 330		16 37	2 51
Tourteau, féveroles ou vesces,	0 018	6 570		16 00	1 05
Vers, etc. (*V.* p. 160),	0 060	21 900		6 00	1 30
Total,					4 86

Cette alimentation fait ressortir le prix des carottes à 16 fr. 37 c. les 100 kilos.

En comptant les carottes à leur prix moyen ordinaire, on a :

	Par jour. kil.	Par an. kil.	Prix par hect. fr.	Prix par 100 kil. fr.	Total. fr.
Carottes,		15 330		2 00	0 30
Tourteau, etc.,		6 570		16 00	1 05
Vesces,		21 900		6 00	1 30
Total,					2 65

Mêmes observations qu'au nº 1.

Nº 17.

	Par jour. kil.	Par an. kil.	Prix par hect. fr.	Prix par 100 kil. fr.	Total. fr.
Navets,	0 042	15 330		16 37	2 51
Tourteau, féveroles ou vesces,	0 018	6 570		16 00	1 05
Vers, etc. (*V.* p. 160),	0 060	21 900		6 00	1 30
Total,					4 86

Cette alimentation fait ressortir le prix des navets à 16 fr. 37 c. les 100 kilos.

En comptant les navets à leur prix moyen ordinaire, on a :

	Par		Prix par		
	jour. kil.	an. kil.	hect. fr.	100 kil. fr.	Total. fr.
Navets,		15 330		1 50	0 22
Tourteau, etc.,		6 570		16 00	1 05
Vers,		21 900		6 00	1 30
Total,					2 57

Mêmes observations qu'au n° 1.

N° 18.

	jour. kil.	an. kil.	100 kil. fr.	Total. fr.
Choux,	0 042	15 330	16 37	2 51
Tourteau, féveroles ou vesces,	0 018	6 570	16 00	1 05
Vers, etc. (*V.* p. 160),	0 060	21 900	6 00	1 30
Total,				4 86

Cette alimentation fait ressortir le prix des **choux** à 16 fr. 37 c. les 100 kilos.

En comptant les choux à leur prix moyen ordinaire, on a :

	an. kil.	100 kil. fr.	Total. fr.
Choux,	15 330	1 50	0 22
Tourteau, etc.,	6 570	16 00	1 05
Vers,	21 900	6 00	1 30
Total,			2 57

Mêmes observations qu'au n° 1.

N° 19.

	jour. kil.	an. kil.	100 kil. fr.	Total. fr.
Courges ou potirons,	0 042	15 330	16 37	2 51
Tourteau, féveroles ou vesces,	0 018	6 570	16 00	1 05
Vers, etc. (*V.* p. 160),	0 060	21 900	6 00	1 30
Total,				4 86

Cette alimentation fait ressortir le prix des **courges** à 16 fr. 37 c. les 100 kilos.

En comptant les courges à leur prix moyen ordinaire, on a :

| | Par | | Prix par | | |
	jour. kil.	an. kil.	hect. fr.	100 kil. fr.	Total. fr.
Courges,		15 330		1 50	0 22
Tourteau, etc.,		6 570		16 00	1 05
Vers,		21 900		6 00	1 30
				Total,	2 57

Mêmes observations qu'au n° 1.

N° 20.

| | Par | | Prix par | | |
	jour. kil.	an. kil.	hect. fr.	100 kil. fr.	Total. fr.
Luzerne, trèfle, sainfoin, chardons à l'état sec, paille de pois, feuilles d'ormeau, de cytise, etc., etc, à l'état sec,	0 012	4 380		65 26	2 86
Eau, 30 à 40 grammes,	0 035				
Tourteau, féveroles ou vesces,	0 012	4 380		16 00	0 70
Vers, etc. (*V.* p. 160),	0 060	21 900		6 00	1 30
				Total,	4 86

Cette alimentation fait ressortir le prix des luzerne, trèfle, sainfoin, chardon, etc., à l'état sec, à 65 fr. 26 c. les 100 kilos. Certes, jamais cultivateur n'a rêvé pareil profit sur ses prairies artificielles et sur le chardon, dont nous allons dire un mot.

En comptant la luzerne, le trèfle, etc., à leur prix moyen ordinaire, on a :

	an. kil.	100 kil. fr.	Total. fr.
Luzerne,	4 380	6 00	0 26
Eau, 30 à 40 grammes,			
Tourteau, etc.,	4 380	16 00	0 70
Vers,	21 900	6 00	1 30
		Total,	2 26

Mêmes observations qu'au n° 1.

OBSERVATIONS. — Dans les formules, à partir et y compris le n° 11 jusqu'à la dernière, si l'on est dans la nécessité de remplacer les substances animales, il faut leur substituer, dans la proportion indiquée page 166, des féveroles ou des vesces, de préférence à du tourteau, surtout si le tourteau concourt déjà à l'alimentation.

On doit, le plus possible, mélanger les légumes, quelques-uns très-odorants ou d'un goût prononcé pouvant laisser de légères traces au jaune de l'œuf, effet qui se produit aussi quelquefois dans le lait (1). Il est bien aussi, autant qu'on le peut, de mélanger les substances sèches très-azotées : tourteaux, féveroles, vesces, céréales. L'un des avantages qu'offrent les mélanges est de permettre de retirer une ou plusieurs substances sans apporter de trouble dans le régime ; tandis que si l'on change brusquement le fond de l'alimentation, une partie des poules, parfois toutes, refusent la nouvelle nourriture, n'en prenant que le strict nécessaire, et cela pendant plusieurs jours et même plusieurs semaines. De là interruption plus ou moins longue dans la ponte, et souvent perte très-importante pour le cultivateur.

Revenant à dessein sur ce qui a été dit, page 167, touchant l'entretien des poules, pendant l'été, au moyen d'un pâturage *convenablement composé* et la distribution journalière d'une quantité utile de substances très-azotées, nous prions le lecteur de se pénétrer de cette vérité : que c'est là le mode d'entretien le plus économique durant toute la belle saison. Nulle main-d'œuvre, nul embarras.

Lorsque les poules ont à leur disposition du sable fin, comme nous avons recommandé d'en placer sous leur hangar, et que la nourriture ne leur fait pas défaut, elles sont peu portées à gratter les semis, *si elles n'ont pas vu semer et si les graines sont convenablement recouvertes*, c'est-à-dire s'il n'y en a que très-peu à la surface du sol. Dans le cas contraire, elles bouleversent tout. C'est alors que l'on dit, avec

(1) Voir *l'Entretien économique des poules,* par N. Delagarde.

raison, que les poules coûtent plus qu'elles ne rapportent, mais *par notre faute*. En effet, nous l'avons déjà dit, il n'y a pas un animal, pas un homme peut-être, nous en demandons bien pardon à la raison et à la dignité humaine, qui ne fasse mille dégâts, mille sottises, si on le laisse libre de ses actions. Nous ne saurions trop recommander aux cultivateurs de tenir leurs poules éloignées, pendant quelques jours, des terrains à leur portée qu'ils ensemencent.

Enfin, pendant la mue et le remplumage, la nourriture des pondeuses doit être plus substantielle que le reste de l'année : 2 75 % d'azote au moins. On obtient ce résultat en augmentant d'une quinzaine de grammes la dose de vers ou d'une dizaine de grammes la quantité de féveroles, de tourteau, etc., et en diminuant d'autant les autres substances qui concourent à la nutrition, si les poules ne peuvent se procurer elles-mêmes ces substances au pâturage, où elles ne prennent que le nécessaire.

Hygiène.

Le poulailler et tous ses meubles et ustensiles tenus avec une extrême propreté, souvent blanchi à la chaux, garanti l'été de la trop grande chaleur, chauffé l'hiver ; l'eau, boisson des poules, renouvelée plusieurs fois par jour et les vases rincés tous les matins ; du sable fin, ou mieux de la cendre toujours placée à la portée des volailles, en quantité suffisante, pour qu'elles puissent s'y plonger ; une nourriture substantielle et à discrétion, des herbes en quantité suffisante ; les œufs confiés aux couveuses provenant de poules jeunes et vigoureuses, accompagnées de coqs ayant les mêmes qualités ; les poulets recevant l'éducation rustique que nous avons décrite. Moyennant ces simples et faciles précautions, le poulailler n'aura presque jamais de sujets malades et les épidémies n'y pénétreront pas : ni pépie, ni diarrhée, ni goutte, etc.; ni poux blancs, ni poux rouges, ni autres parasites. Les cul-

tivateurs, ils sont rares, qui ont pour leurs volailles le quart
des soins qu'ils prodiguent à leurs gros et souvent ruineux
animaux, soit disant de rente, en perdent bien rarement
pour cause de maladie, tandis que ceux qui les abandonnent
sans soin d'aucune sorte, dans des trous infectes, se plaignent
sans cesse de la mortalité qui frappe leurs sujets ailés.

Il en est des animaux (1) comme des hommes. Ces derniers,
lorsqu'ils habitent des logements à bonne exposition, suffisamment spacieux, tempérés l'été, chauds l'hiver, tenus
toujours proprement; lorsqu'ils se nourrissent d'aliments
substantiels et satisfont largement aux besoins de leur estomac, ne sont pas sujets aux mille maladies de tous genres
qui affectent les populations placées dans des conditions
contraires.

Chez les volailles, le plus sage est de tuer le sujet qui,
paraissant souffrir, ne semble pas revenir de lui-même à la
santé après quelques jours, et de l'utiliser comme aliment.
Mais, nous le répétons, ce cas se présente excessivement
rarement lorsqu'on soigne les poules et leur logement
comme nous venons de le recommander. Dans le cas contraire, tous les remèdes sont impuissants; le mal doit être
coupé dans sa racine.

Engraissement.

Toutes les femmes des cultivateurs savent, plus ou moins,
engraisser les volailles; toutes connaissent quelles sont les
conditions les plus propres à un engraissement rapide et
rémunérateur : accroissement achevé de l'oiseau, déjà en
bonne chair, nourriture abondante, repos, propreté; le lieu
où s'accomplit l'opération tenu chaudement, 15 à 20 degrés,
sans sécheresse, peu éclairé au début et tout-à-fait dans
l'obscurité vers la fin et le reste. Ce sujet a d'ailleurs été

______

(1) Voir *l'Entretien économique du bétail,* par N. Delagarde.

traité par plusieurs auteurs, et souvent parfaitement bien. Nous ne nous occuperons donc que de la nature des aliments, au choix desquels la majorité des cultivateurs n'attachent pas assez d'importance.

Pour engraisser le plus rapidement possible et dans des conditions rémunératrices, il faut faire absorber aux animaux des substances riches en matières grasses. Il résulte bien, d'observations de M. Boussingault, que les animaux peuvent, dans certaines conditions, transformer en graisse une partie des principes, le sucre, l'amidon, suppose-t-on, de leurs aliments; mais il n'en reste pas moins vrai qu'en leur offrant de la graisse, en quelque sorte toute formée, avec les autres éléments d'une bonne nutrition, en proportion convenable, on ne hâte et on ne facilite singulièrement l'opération. C'est là un fait incontestable, qui n'est d'ailleurs contesté par personne.

Les substances, non compris les foins et les pailles, les plus riches en matières grasses sont, par ordre de décroissance :

La graine de lin, les tourteaux, les maïs, la graine de sorgho, l'avoine, le son de froment, le chènevis, le sarrasin, l'orge, le seigle, etc. Parmi les légumes : les choux, les topinambours, les panais, les pommes de terre, les carottes, les navets, les betteraves, etc.

La graine de lin contient une si grande proportion de matières grasses, 370 grammes par kilogramme, que nous engageons les personnes qui voudront l'employer à n'en faire usage que très-discrètement.

En composant des pâtées avec deux ou trois des substances que nous avons décrites, les moins riches en principes gras, et un légume; puis en modifiant lesdites pâtées en y introduisant des substances mieux partagées en graisse, on obtient toujours le résultat désiré. Chaque cultivateur doit considérer quel est le prix commercial des substances dont il dispose ou qu'il peut se procurer. Quant au placement avantageux des volailles grasses, il n'est pas douteux : la friandise et la gourmandise, allant très-bien de pair avec la civilisation, ne font que croître et prospérer.

Nous n'avons surtout en vue ici que l'engraissement des pondeuses réformées à 4 ou 5 ans. A cet âge, les poules sont encore très-propres à être mises à l'engrais. Les mêmes principes s'appliquent, d'ailleurs, à l'engraissement de toutes les autres volailles et de tous les animaux.

Quant à l'engraissement que nous appellerons de luxe et aux minutieuses précautions qu'il exige, nous n'en parlerons pas, car ici l'étiquette est pour beaucoup : pour être largement payées par les marchands et trouvées exquises par les consommateurs, il faut que les volailles viennent ou soient sensées venir d'ici ou de là. D'un autre lieu, c'est tout autre. Ce préjugé disparaîtra assurément peu à peu, mais nous n'osons pas conseiller à nos confrères des contrées non favorisées de lui faire la guerre à leurs dépens.

Chardon.

Le chardon, qui fait le désespoir du cultivateur, auquel on prodigue tant de malédictions, à la destruction duquel tout le monde pousse, qui est l'objet d'arrêtés municipaux de proscription ; le chardon, contre lequel on a écrit des volumes, sera peut-être un jour classé parmi nos plantes fourragères les plus précieuses. Il vaut, à l'état vert, coupé avant la fleur, *près d'une fois et demie* son poids de foin de prairie naturelle ; aussi, à l'état vert et à l'état sec, il vaut près de trois fois son poids du même foin sec. Les graines de certaines légumineuses offrent seules, les tourteaux exceptés, une pareille richesse en principes plastiques.

Les observations auxquelles nous nous sommes livré sur cette plante à haute valeur nutritive nous ont fait connaître

que le chardon peut, à terrain égal, autant donner en poids
que le meilleur trèfle et le meilleur sainfoin. A l'état vert,
préalablement un peu flétri, le chardon fait les délices, toujours, des chèvres, ânes, mulets et même chevaux, et, lorsqu'elles y sont habituées, des bêtes bovines. A l'état sec, les
pointes aiguës dont il est hérissé s'opposent à la mastication.
On ne peut l'offrir aux animaux qu'après l'avoir, en quelque
sorte, broyé, comme on fait de l'ajonc, mais avec beaucoup
moins de difficulté, ou cuit dans deux ou trois fois son poids
d'eau. Peut-être un jour obtiendrons-nous le chardon sans
épines, espérance qui n'a rien d'improbable, puisque l'arti-
chaud est le descendant de l'un de ses parents. En attendant,
continuons à l'extirper des cultures, où il végète en parasite,
et dont il rend les manipulations si pénibles; mais, au lieu
de le laisser se dessécher et pourrir sur place, sans profit,
même pour le sol qui ne reçoit guère que ses éléments
minéraux, recueillons-le avec soin pour le faire consommer,
soit à l'état vert, soit à l'état sec.

Malheureusement, le chardon n'est pas la seule plante
méconnue, négligée ou oubliée. Il y a un livre à faire sur
les aliments perdus pour l'homme et pour les animaux (1).

(1) Voir *l'Entretien économique du bétail*, par N. Delagarde.

III.

DE GROS PROFITS SANS PEINE. — DÉPENSES ET PRODUITS
DES POULES PONDEUSES.

Dépenses des pondeuses.

Nous avons souvent calculé quelle était, outre la nourriture, la dépense annuelle de nos poules, et nous n'avons
jamais atteint un franc par tête pour intérêt à 5 0[0 du prix
des poules; loyer du poulailler, intérêt à 5 0[0, et entretien
du mobilier; chauffage l'hiver, bien qu'on puisse chauffer
pour rien avec du fumier, etc , comme nous l'avons indiqué;
loyer du terrain servant de parc, si les poules ne sont pas
libres, bien que ce loyer soit ordinairement plusieurs fois
payé par le produit en fruits et en gros légumes; soins divers, confection des verminières, hachage des légumes,
mouturage des grains, cuisson des pâtées, sel, perte de volailles par accidents et dépenses éventuelles. Nous allons cependant porter un franc par tête; mais toutes les personnes
qui ont quelque pratique de l'entretien intelligent des pondeuses trouveront que nous sommes au-dessus de la vérité,
et cela dans tous les cas, soit que l'on ne possède que quelques

poules, soit que l'on opère sur plusieurs centaines ; car pour
tenir *sur un même terrain et dans un même local* des milliers
de poules, comme cela a été proposé, nous ne le conseillons
pas. Les personnes qui voudront opérer sur une pareille
échelle devront diviser leurs pondeuses par groupe de cinq
à six cents au plus.

Nous ne faisons pas entrer en ligne de compte la dépense
du remplacement des poules à réformer, parce que le prix de
vente de ces poules, grasses ou maigres, dépasse toujours le
prix des poulettes qui les remplacent.

Donc dépense chaque année d'une poule, outre la nourriture, 1 fr.

Nous avons vu dans le chapitre précédent que le prix de
revient de la nourriture annuelle d'une poule varie de 4 fr.
86 c. à 2 fr. 26 c.; en ajoutant 1 fr. à chacun de ces deux
nombres, on a pour la dépense totale et annuelle d'une
poule :

Dans le premier cas, 5 fr. 86 c.;

Dans le second cas, 3 fr. 26 c.

Ces chiffres sont encore au-dessus de la vérité, parce qu'une
partie de la nourriture des volailles, dans les fermes, provient
de déchets qui, bien qu'ayant une valeur réelle d'alimentation, n'ont aucune valeur commerciale.

Produits des pondeuses.

Nous considérons toutes les poules comme pondeuses ;
celles distraites de la ponte par l'incubation, nécessaire à la
production des poulettes destinées à remplacer les poules à
réformer, fournissent en poulets une valeur à peu près égale
au produit qu'elles auraient donné en œufs pendant le temps
passé par elles à couver et à élever.

Le produit moyen des poules de race commune, améliorées
par un choix judicieux des reproducteurs, une nourriture

substantielle, abondante et des soins constants, logées convenablement, chauffées l'hiver, parfaitement nourries, mode d'entretien le plus économique et le plus lucratif, est de *cent trente-trois œufs* par an et par tête. Nous obtenons ce chiffre, et il est probable que, d'après la progression de la production, il sera dépassé bientôt. *Tout cultivateur en France peut obtenir ce résultat.* Il suffit d'apporter aux pondeuses un peu de cette attention et de ces soins dont on entoure, pour un profit bien minime et souvent illusoire, les gros animaux.

Ne voulant pas nous borner à offrir nos propres prix de vente, nous avons relevé les cotes du prix des œufs, aux marchés de Paris, depuis dix années : du 1ᵉʳ janvier 1857 au 31 décembre 1866. Le prix moyen des œufs de *moyenne grosseur* a été de 68 fr. 22 c. le mille ou 0 fr. 81,8 la douzaine. Mais tout le monde ne pouvant vendre directement ses œufs à Paris ou dans les grandes villes, on vend, le plus souvent, à des spéculateurs qui payent les œufs, en moyenne, 10 fr. par mille au-dessous du cours de Paris. Les intermédiaires n'ont donc qu'un bénéfice de 10 fr. par mille, dont ils ont à défalquer le port, le factage, etc. Leur gain est cependant encore *énorme* si l'on songe qu'ils réalisent et rentrent dans leurs fonds dans les quarante-huit heures. Le prix moyen des ventes d'œufs effectuées par les producteurs du 1ᵉʳ janvier 1857 au 31 décembre 1866 a donc dû être de 58 fr. 22 c. le mille ou 0 fr. 69,8 la douzaine. Ces chiffres ont dû même être supérieurs, parce que les œufs vendus sur les marchés des villes de provinces directement aux consommateurs se placent, à très-peu près, au cours de Paris, et que les trois quarts des œufs qui quittent la ferme sont consommés dans la ville voisine. Quant à nous, placés à près de cent lieues de Paris, et vendant à des intermédiaires, le prix moyen de nos ventes des dix années que nous venons de citer a été de 0 fr. 69,36 la douzaine ou 57 fr. 80 c. le mille. Mais nous ne vendons jamais directement aux consommateurs, toujours, nous le répétons, à des intermédiaires, qui souvent viennent prendre nos œufs à la ferme même. Nous allons d'ailleurs baser nos calculs sur ces derniers chiffres de 57 fr. 80 c. le mille ou 0 fr. 69,36 la douzaine, en faisant encore remarquer que nous eussions vendu plus avantageusement aux consommateurs ou en expédiant nous-même sur Paris.

Bénéfices.

133 œufs, produit moyen annuel d'une poule, à 57 fr. 80 c. le mille = 7 fr. 79 c.

La dépense totale par an et par tête variant entre 5 fr. 86 c. et 3 fr. 26 c., selon le genre de nourriture fournie, le bénéfice net annuel est :

Dans le premier cas, de 1 fr. 93 c.;

Dans le second cas, de 4 fr. 53 c.

Quant aux petits exploitants qui ne pourront entretenir un nombre de poules suffisant pour établir une verminière, et qui, n'étant pas placés de manière à se procurer à bas prix d'autres substances animales que les larves, leur substitueront du tourteau, des féveroles, des vesces, en moyenne 66 0[0, soit 40 grammes pour 60 grammes de viande ou de vers, ils auront à ajouter à l'alimentation annuelle de chaque poule :

1° 14 kil. 600 gr. de tourteau, féveroles ou vesces,   2 44

2° 7 kil. 300 gr. de légumes, en plus de ceux fournis faisant déjà partie de l'alimentation,   0 16

Total,   2 60

Dont il faut déduire le prix des substances animales retranchées,   1 30

Le surcroît de dépense annuelle par poule sera, dans ce cas, de   1 30

La dépense totale annuelle pour une poule variera alors entre 7 fr. 16 c. et 4 fr. 56 c.

En réalité, cette dépense sera moins élevée, parce que les pâtées seront cuites au foyer du ménage, sans augmentation sensible de combustible ; que pâtées ou mélanges, etc., seront distribués par la femme du cultivateur et ses enfants, sans le service onéreux et toujours moins parfait des serviteurs. Mais laissons cependant les chiffres ci-dessus de dépenses ce qu'ils sont. Les pondeuses ne consommant plus d'autres substances animales que celles qu'elles se procurent au dehors, leur production sera diminuée d'une dizaine d'œufs. Mais, d'un autre côté, en raison de cette diminution dans le nombre des œufs, la consommation *de production*, elle aussi, sera diminuée à peu près dans le même rapport, et la dépense totale annuelle ne sera plus que de 6 fr. 85 c. ou 4 fr. 42 c.

Donc 123 œufs à 57 fr. 80 c. le mille = 7 fr. 22 c.

Le bénéfice annuel et par tête ne sera plus que :

Dans le premier cas, de 0 fr. 35 c.;

Dans le second cas, de 2 fr. 80 c.

Maintenant, *en excluant toujours le genre de nourriture le plus favorable à la production des œufs et le plus économique :* l'alimentation avec une partie de substances animales, admettons qu'au début les poules de quelques cultivateurs, jusqu'ici mal nourries, mal logées, non chauffées, ne puissent, tout à coup, donner le produit moyen de 123 œufs par an ; supposons que leurs maîtres n'obtiennent d'elles que 110, 100, 90 et même le chiffre impossible, avec des pondeuses dont tous les besoins sont satisfaits, quels qu'aient été leur passé et celui de leur race, le chiffre impossible de 80 œufs : dans ces différents cas, le cultivateur en sera quitte pour ne pas nourrir ses poules avec du froment à 17 fr. 50 c. l'hectolitre, et, en leur administrant l'une des nourritures les plus économiques, *quoique tout aussi favorable*, il aura encore par an et par pondeuse un bénéfice de 2 fr. 05 c., 1 fr. 70 c., 1 fr. 25 c., 0 fr. 80 c.; car la consommation de *production*, moitié de la nourriture environ, diminue avec la production des œufs, nous venons de le dire. Dans les cas présents, la diminution de la nourriture consommée sera, par rapport au total, de : $1|24^c$, $2|24^{es}$, $3|24^{es}$, $4|24^{es}$.

Dans ces différents cas, on obtiendra nécessairement moins de guano, mais ce sera toujours de l'engrais de même richesse *et pour rien*.

La masse des excréments est proportionnelle à la masse des aliments consommés, et la qualité nutritive des engrais, pour les plantes, est proportionnelle à la qualité nutritive des aliments fournis aux animaux.

Maintenant, bien que nous n'ayons porté les œufs, dont les prix suivent constamment une marche ascendante, qu'au taux moyen de nos ventes depuis dix ans, taux bien au-dessous des cours des marchés de Paris et des villes de provinces, ôtons encore 5 fr. par mille pour les cultivateurs placés dans des contrées encore dépourvues de voies ordinaires en bon état, de routes et de chemins de fer. Les bénéfices ci-dessus seront alors réduits à : 1 fr. 53 c., 1 fr. 20 c., 0 fr. 77 c., 0 fr. 42 c. Mais, nous le répétons, tout en obtenant *de l'engrais pour rien*, et quel engrais! *il dépend du cultivateur*, même en ne vendant ses œufs qu'à 52 fr. 80 c. le mille, que son bénéfice net et annuel par poule soit encore de 3 fr. 75 c. On ne comprendrait pas, en effet, l'entêtement stupide de vouloir absolument nourrir les poules à 4 fr. 86 c. par tête, quand on peut les nourrir, avec un égal avantage pour la production des œufs et du guano, à 2 fr. 26 c.

Dans les calculs que nous venons de présenter, nous n'avons pas même fait figurer l'excédant de bénéfice qu'on obtient en conservant les œufs, comme nous l'avons indiqué, produits pendant les mois de l'année où leur prix est le moins élevé, excédant de bénéfice qui varie de 50 c. à 1 fr. par poule, selon la production, tant il nous semble superflu d'ajouter de nouvelles preuves à l'appui de faits qu'il n'est permis qu'aux aveugles de ne pas voir.

Enfin, encore une fois, la dépense d'une poule n'est jamais dans une ferme au prix où nous la portons :

1º Parce que les substances alimentaires que nous avons passées en revue n'ont pas, *à la ferme même*, les prix où nous les avons cotées ;

2º Parce qu'on fait consommer aux poules des déchets de toute sorte, sans valeur vénale, mais qui n'en viennent pas moins cependant réduire le chiffre de leur consommation en denrées commerciales.

CONCLUSION.

———

Dans un précédent travail (1), nous avons prouvé qu'il se
perd annuellement en France, par ignorance, pour deux
milliards de francs d'engrais, et nous avons donné des moyens
pratiques et à la portée de tous pour recueillir et utiliser toutes ces richesses perdues.

Dans ce livre, nous venons de démontrer que chaque cultivateur peut produire et confectionner, lui-même, à sa
ferme, à peu près autant d'engrais qu'il le désire, non-seulement *pour rien,* mais encore avec des *profits énormes,* donnés
par un produit obtenu à côté de l'engrais.

Nous venons de donner plusieurs procédés, aussi économiques que possible, qui permettent de recueillir et d'utiliser la
chaleur perdue de nos foyers et de nos fumiers.

Nous venons, enfin, de démontrer que par l'entretien des
poules pondeuses le cultivateur peut obtenir de ses récoltes
des prix non-seulement toujours rémunérateurs, mais, pour

(1) Les *Engrais perdus dans les campagnes.*

la plupart d'entre elles, bien au delà de tout ce que, jusqu'ici, il a pu rêver d'avantageux.

Ce n'est pas là, on le voit, une œuvre d'imagination, un roman agricole, comme il s'en produit malheureusement trop souvent, ou le récit de faits *spéciaux à une contrée, à une exploitation, à un homme.* Nous livrons au public non pas des conjectures, non pas seulement des observations, mais l'un des résultats de notre longue et laborieuse pratique agricole.

Aux personnes qui ne pourraient se rendre compte à la fois des hauts profits donnés par les poules et de la richesse supérieure de leurs déjections, le tout comparé à ce qu'on obtient des gros animaux, nous dirons :

133 œufs, ou mieux 128, moyenne entre les chiffres 133 et 123 (1), de grosseur moyenne, à 0 kilog. 061,5 l'un, pèsent 7 kilog. 852, qui sont obtenus avec 43 kilog. 805 d'aliments *fournis*, ayant une valeur commerciale de 2 fr. 26 c., avec substances animales, ou 3 fr. 50 c., avec féveroles, tourteau, etc.; moyenne, 2 fr. 88 c. Le kilogramme d'œufs n'a donc coûté à produire que 0 fr. 36,9, tandis que pour produire un kilogramme de viande, de bœuf, vache, veau, mouton, porc, il faut, en moyenne, 15 kilogrammes (le bœuf, 20 kilog ; le porc, 10 kilog., ou leur équivalent) de foin, à 8 centimes, prix moyen ordinaire, le kilogramme = 1 fr. 20 c. ; ou 10 kilogrammes de luzerne, trèfle, sainfoin, etc., à 6 centimes, prix moyen ordinaire, le kilogramme = 0 fr. 60 c.; moyenne, 12 kilog. 500 d'aliments, à 7 cent. le kilogramme, = 0 fr. 87,5. Le kilogramme de viande de boucherie coûte donc à produire 0 fr. 50,6 *plus cher que le kilogramme d'œufs*, dont le prix de revient n'est que de, en moyenne, 0 fr. 36,9. Quant aux prix commerciaux de ces deux aliments, viande

____

(1) Chapitre précédent, page 194.

de boucherie et œufs, ils sont les mêmes, ce qui résulte du relevé des cours des œufs et de la viande de boucherie à Paris depuis dix ans.

La poule produit aussi la viande à meilleur marché que les gros animaux, ce qui n'a rien d'étonnant, car la poule, sans main d'œuvre, sans frais de garde d'aucune sorte, se procure au dehors le quart, et souvent beaucoup plus, de sa nourriture en substances : graines, insectes, vers, etc., qui n'ont *aucune valeur commerciale, et qu'on ne peut d'ailleurs recueillir sans son concours.* Enfin, nous l'avons déjà dit, elle consomme des déchets et des substances qui n'ont encore pas ou qui n'ont qu'une faible valeur commerciale, quoique d'une grande richesse en principes nutritifs : déchets de grains, de légumes, larves, viandes abattues, sang, etc., et dont, le porc excepté, les gros animaux ne voudraient pas.

Quant à la richesse en azote des déjections de la poule, qui surpasse de beaucoup celle des excréments des autres animaux, ce fait s'explique facilement :

La poule à haute production se nourrit d'un aliment dont la proportion d'azote est à l'azote contenu dans l'aliment moyen des gros animaux comme 22-50 : 15-75 ; de plus, son produit, ses œufs, quoique venant immédiatement après les viandes, sont cependant beaucoup moins azotés que ces dernières, dont la valeur nutritive est presque triple de celle des œufs. La quantité d'azote que la poule absorbe *de plus* que les gros animaux, et celle qui existe *en moins* dans son produit, les œufs, se retrouve *en plus* dans ses déjections. Voilà tout.

En réalité, le prix des œufs, comparé au prix de la viande de boucherie, est supérieur au prix indiqué par leur valeur nutritive. Il en est ainsi de bien d'autres substances alimentaires, à commencer par le froment, comparé à la plus grande partie des autres céréales et aux graines de certaines légumineuses. L'habitude prise par les populations ; le goût agréable des œufs et les mille préparations culinaires de luxe auxquelles ils concourent ; les besoins toujours croissants de l'industrie ; la consommation utile et d'agrément se développant sans cesse chez des peuples dont le climat ne permet qu'une production limitée des œufs, ne nous laissent en perspective, quelle que soit l'extension donnée à l'entretien des poules, qu'une hausse continue, ce qui a eu lieu jusqu'ici, ou tout au moins le maintien des prix actuels.

Maintenant, à cette objection, dont le fond est vieux comme le monde, qui pourrait nous être faite :

« Si tous les cultivateurs, non-seulement recueillaient désormais avec soin, comme vous le prescrivez, les déjections de leurs poules, mais augmentaient le nombre de ces dernières dans une notable proportion, les œufs et les volailles tomberaient à vil prix, et l'engrais obtenu finirait par revenir plus cher que celui fourni par les gros animaux et par le commerce ; »

Nous répondrons :

1° Qu'il n'est pas admissible que ce livre, quels que soient le zèle et l'empressement qui puissent être mis à sa propagation, soit connu en même temps de tous les cultivateurs à la fois ; nous dirons de plus que tous les cultivateurs, fussent-ils instantanément instruits qu'ils ont sous la main une autre source d'engrais que celles où ils puisent présentement, la moitié au moins n'en userait pas d'abord, avant d'avoir vu pratiquer la chose par plus d'un : nous sommes ainsi faits, nous autres paysans ; que le jour où tout le monde *saura* et *fera* est, conséquemment, éloigné de bien des années, et que d'ici là la consommation des œufs et des volailles ne fera probablement que croître, *marche qu'elle a suivie jusqu'ici;*

2° Que si, *quand tout le monde saura,* dans vingt ou trente ans, les cultivateurs, pour se procurer de l'engrais en abon-

dance , donnaient tous , *ce qui n'est pas douteux*, une grande
extension à l'entretien des poules , et que la consommation
ne fût plus alors à la production dans le rapport où elle est
aujourd'hui , *ce qui est douteux , car la consommation d'un
aliment sain , agréable et de première nécessité suit toujours sa
production* , le prix des œufs et des volailles baisserait nécessairement, mais le cultivateur ferait à peu près toujours
le même bénéfice , parce que , fumant à discrétion , le prix
de revient de ses denrées serait moins élevé qu'à l'heure présente ; que , par suite , il en serait de même aussi du prix de
revient de ses poules et de ses œufs , simples transformations
de ses grains , de ses légumes et de ses fourrages, comme
ceux-ci ne sont que la transformation de ses engrais.

Qu'on tourne la question comme on voudra, c'est et ce
sera toujours *de l'engrais pour rien, des profits pour le
cultivateur*, et, de plus, une alimentation à la fois plus riche
et d'un prix moins élevé pour les populations laborieuses :
la poule au pot assurée , enfin, cette fois, au travailleur, et la
vie à meilleur marché pour tous.

UN VŒU.

—

Nous avons dit ailleurs quelle doit être aujourd'hui l'action des comices et des écoles primaires sur la génération *présente* des cultivateurs, qui de l'agriculture ne savent que la manœuvre : *l'instruire, l'instruire de suite, il n'est que temps, le salut est là et n'est que là.* Nous avons dit comment le but pouvait, dans la mesure possible, être rapidement atteint.

Ici, tendant au même résultat, nous émettons le vœu que chaque commune rurale n'ayant pas de bibliothèque, ou dont la bibliothèque ne contient que de l'histoire, des voyages, de la philosophie et des romans, fasse, aidée, au besoin, par le département, l'acquisition de livres traitant de l'agriculture et de ses diverses branches, lesquels ouvrages, placés à la mairie, resteraient à la disposition du public averti, qui les pourrait venir consulter à son choix. Nous souhaitons, de plus, que chaque commune soit abonnée à un journal agricole ; que les maires s'entendent pour prendre chacun un journal différent, puis se les prêtent et les fassent successivement tous passer par chaque mairie du canton. C'est-à-dire que les simples cultivateurs de toutes les communes rurales de France auraient ainsi à leur disposition tous les journaux agricoles qui se publient.

Avons-nous besoin de dire quel serait le résultat bienfaisant de ces mesures, pour l'exécution desquelles il ne faut ni centaines ni dizaines de millions : l'attention des cultivateurs éveillée, la sience et la vérité agricole mises à la portée des masses ; la lecture d'une seule ligne dans un livre, dans un journal d'agriculture, mettant en travail des millions d'intelligences forcément inactives, qui ne demandent qu'à agir ; moins d'ivrognerie et ses suites, de cancans, de babils insignifiants le dimanche ; mais des études, des conversations utiles, où la morale, la religion et la dignité de l'homme ne perdraient rien.

Personne n'ignore que l'agriculture est la base de tout le côté matériel de ce monde ; *que sans l'agriculture, en deux jours, tout retournerait au néant.* Que l'agriculture soit donc la principale préoccupation des gouvernants et des gouvernés ; qu'on ne néglige aucune occasion, aucun moyen d'en développer l'esprit, d'en faire naître l'amour, d'en dévoiler les principes à ses soldats, à son armée de travailleurs, nourrisseurs de la patrie, *armée la plus utile,* puisque sans elle sa sœur, l'armée du sabre et du canon, disparaîtrait comme un souffle.

FIN DU SECOND VOLUME DES *Progrès.*

TABLE ANALYTIQUE.

PREMIÈRE PARTIE.

I.

LA POULE N'A ENCORE ÉTÉ APPRÉCIÉE PAR NOUS QUE SOUS LE RAPPORT DE LA VIANDE ET DES ŒUFS; ELLE A UN AUTRE RÔLE.

Jusqu'ici on ne s'est surtout occupé de la poule que sous le rapport de la production des œufs et de la viande ; elle a un autre rôle. — La poule est une fabrique d'engrais gratis. -- Les gros animaux ne payent jamais leur nourriture; la poule paye la sienne, et au delà; on obtient son fumier pour rien.— Richesse de ses déjections ; pauvreté de celles des autres animaux. — Les excréments de la poule payent à eux seuls sa nourriture.— La poule mange de tout.— Elle rend compte à son maître dans les vingt-quatre heures de la nourriture consommée. — La poule n'est pas plus dévastatrice que les autres animaux.— Bien traitée, on n'a à redouter d'elle aucun dégât.— *Page.* 21

II.

LE FUMIER DE POULE EST DU GUANO.

Le guano n'est que les déjections d'oiseaux. — Quantités qu'il reste à exploiter. — Dans vingt-trois ans, les gise-

III.

COMMENT ON OBTIENT D'UN NOMBRE DONNÉ DE POULES LA QUANTITÉ MAXIMUM DE GUANO.

IV.

COMMENT ON CONSERVE AU GUANO DE POULE TOUTES SES QUALITÉS FERTILISANTES.

V.

APPLICATION DU GUANO DE POULE; QUANTITÉ NÉCESSAIRE PAR HECTARE.

VI.

L'EFFET PRODUIT PAR LE COMPOST-GUANO EST PLUS DURABLE QUE CELUI DES ENGRAIS CONCENTRÉS.

VII.

COMME QUOI LE GUANO DE POULE NE COUTE RIEN.

DEUXIÈME PARTIE.

I.

LE POULAILLER.

II.

CHAUFFAGE DU POULAILLER L'HIVER.

III.

ACCESSOIRS DU POULAILLER.

Inconvénients des poulaillers ayant leur sortie sur la cour de la ferme : dangers pour les volailles; perte des œufs; gaspillage des produits et des récoltes. — Les poules bien logées, bien traitées, ne font que peu de dégâts aux récoltes sur pied. — Le poulailler doit être attenant à un enclos destiné aux poules. — Poulailler au premier étage. — Ce que doit être le sol du pourtour du poulailler. — Orientation de l'enclos; sa division en deux parties : parc des pondeuses; parc des couveuses.— Description du parc des pondeuses; ouverture sur les champs de l'exploitation.— Grandeur du parc; sa culture; sa fertilité rapide; hangar. — Pâturage spécial pour les poules; sa grandeur; sa division; sa culture; comment on y fait paître les poules en évitant le gaspillage.— Description du parc des couveuses;

IV.

LE POULAILLER AMBULANT.

V.

LES RACES DE POULES.

VI.

DES ŒUFS, DE LEUR PRODUCTION, DE LEUR CONSERVATION.

VII.

L'INCUBATION.

Il y a généralement plus de profit à produire des œufs que
des poulets. — Moyen d'avancer chez les poules le désir
de couver, moyen de le retarder. — Époque la plus favorable à la couvaison. — Choix des couveuses, défaut des
jeunes poules, excellence des vieilles. — Nombre d'œufs
par couveuse ; leur disposition dans le nid. — Morceau de
de fer ajouté. — Choix des œufs. — Nids ou cases à couver. — Inconvénient de faire couver dans les pondoirs. —
Dimension des cases ou paniers à couver. — Température
nécessaire des couvoirs. — Inconvénient de placer les
poules sur des nids non fermés. — Soins à donner aux

VIII.

COUVOIRS ARTIFICIELS.

IX.

LES POULETS.

X.

CHOIX DU COQ; SON ÉPUISEMENT.

Castration.

TROISIÈME PARTIE.

I.

NOURRITURE DES POULES.

II.

ALIMENTATION RATIONNELLE ET ÉCONOMIQUE DES POULES.

Engraissement. — Principes. — Richesse en matières grasses de diverses substances. — L'engraissement de luxe ne peut être pratiqué partout. — Le chardon. —

III.

DE GROS PROFITS SANS PEINE.

Dépenses et produits des poules pondeuses.

FIN DE LA TABLE ANALYTIQUE DU SECOND VOLUME
DES PROGRÈS.

Poitiers. — Typ. de A. Dupré.